六大系統思維，
企業管理的革命！
鼓舞、賦能、轉變，
成就團隊的領導藝術

袁亮——著

召喚領導力
33 堂團隊管理實戰課

現代領導力！33 堂實戰管理課程

◎六大系統思維，全面涵蓋企業管理要素
◎結合理論與實踐，案例豐富，易於理解
◎強調鼓舞、賦能、轉變在團隊中的作用

適合所有管理層，
提升領導技能
和團隊效能！

目 錄

前言

第一章　先人後事：
　　　　企業管理就是老闆自我管理

01　什麼才是真正的管理 009

02　傳統東方式管理有什麼祕密 015

03　什麼才是真正的管人：管自己與管別人 022

04　為什麼說「先人後事，人在事前」 031

05　企業管理，思維比能力更重要 038

06　如何才能破解管理困局，高效率管理 043

第二章　以人為本：
　　　　領導者要有成就員工之心

01　為什麼說領導者要有成就員工之心 051

02　八字箴言：以身作則，身先士卒 063

03　如何才能幫助員工賺錢 070

04　如何才能幫助員工成長 077

05　如何才能幫助員工找到信仰之路 085

第三章　選人有術：
打造最強團隊，先挑選核心黃金班底

01　再強大的企業，都需要一支忠心的軍隊 093

02　最強團隊與黃金班底 099

03　挑選核心黃金班底的三個要素 105

04　成為黃金班底的六個必要 113

05　黃金班底如何成長 119

第四章　千人一心：
如何讓團隊統一思想，統一行為

01　團隊為什麼要統一思想 127

02　團隊如何才能統一思想 131

03　團隊如何才能上下同頻 136

04　團隊如何才能上下同心 143

05　團隊如何才能上下同欲 149

第五章　系統為大：
管理企業不能不懂的六大系統

01　晨夕會系統如何落實 153

02　成果日誌系統如何落實 163

03　績效會系統如何落實 170

04　PK會系統如何落實 178

05　三欣會系統如何落實 ………………………………… 188

06　全員表揚大會系統如何落實 ………………………… 192

第六章　六字箴言：
做好團隊 PK，企業才有生命力

01　PK 的三大失誤、四大原則與七大標準 ……………… 199

02　眼：隨處可見 PK 的景象與畫面 …………………… 209

03　耳：隨處可聞 PK 的景象與畫面 …………………… 212

04　鼻與舌：打造企業的家庭化氛圍 …………………… 215

05　身：讓團隊在身體上找到 PK 的感覺 ……………… 221

06　意：做足團隊的觀念傳達工作 ……………………… 224

目錄

前言

道可道，非常道。

2,500年前誕生的《道德經》，開篇用這六個字，塑造了一個宏大的世界。什麼是道？數千年的歷史長河中，無數政治家、哲學家、軍事家都在探尋它的本質。一個「道」字，將中華文化精準歸納，直到今天它依然發揮著強大的作用。

隨著社會經濟的快速發展，誕生了一大批創造輝煌業績的企業和企業家，成為無數人學習的榜樣和夢想。

但是，實現夢想的路並不容易。很多時候，這條路上最大的阻礙並不是競爭對手，而是我們自己——「我招募的這批員工根本不行！基本工作都做不好！」

「我很後悔任命這名中階主管，他根本不懂管理！」

「別讓我提建議給你，我連我自己的公司都管理不好！」

「我感覺我是全公司的敵人，大家不喜歡我這個老闆！頭痛！」……

在許多培訓課程上，我見過無數企業家這樣抱怨。如何做好內部管理，如何讓員工一條心，這是困擾企業家最大的難題。因為不懂管理，所以他們的決策沒有效果，他們的管理條例無法落實，他們的心態開始失衡，企業效益也呈現不斷下滑的趨勢。

為什麼會出現這樣的現象？很重要的一個原因：很多企業沒有建立完善的管理哲學，只是簡單套用成功企業的管理方法。這就像釣魚，你

聽說有人透過某種釣魚竿、某種魚餌就可以釣到大魚，但是你根本不去了解這條河在哪裡、這條河的特點是什麼、這種魚是什麼魚，只是生搬硬套，自然沒有效果。

本書與市面上類似的書有著不同：它強調技巧，但入手絕不是學技巧，而是要建立一套管理的哲學思維。它從哲學思維入手，但又不曲高和寡，落點依然在實際的企業管理中。

這就是培訓企業管理的核心所在：思維與方法相結合，思維先於方法，方法落實思維。與純粹的國學體系管理模式和一味強調西方管理體系的理念不同，筆者的核心理念並不糾結於某種類型的爭論，在本體系中，二者並不是水火不相容的對立面。傳統文化奠定企業管理的基礎理論與哲學觀。與此同時，西方現代管理體系已經發展百年，同樣建立了完善的方法論、技巧論，尤其在績效考核等方面，具有非常優秀的價值。「取百家之長」，不帶著主觀情緒一味否定每一種管理思維，這是此管理體系的精髓所在。

「以人為本」這四個字，是企業管理培訓體系的核心，也是這本書的核心。在本書中，筆者將結合傳統文化、西方管理技巧打通企業管理的任督二脈，並引入大量筆者培訓課程中很多企業出現的正面、反面案例，透過企業家心態重塑、員工關係重塑、黃金班底團隊建立、思想行為統一、六大管理系統、團隊PK文化建設等多個角度，幫助企業家走出管理困境。「授之以魚，不如授之以漁」，當企業家、企業高階管理人員、企業中階管理人員閱讀完本書後，相信一定會建立一套完善的企業管理體系，這時候再結合相應的管理技巧，那麼企業發展必然無往而不利！

第一章　先人後事：
企業管理就是老闆自我管理

想要管好別人，首先管好自己。做不好企業管理的老闆，都做不好自我管理，總喜歡紙上談兵、侃侃而談。什麼才是管理？進行企業管理前，自己應該具備怎樣的能力和素養？企業與員工之間，老闆與員工之間的關係究竟是什麼？只有理清這些問題，才算跨入了企業管理的大門。

01　什麼才是真正的管理

管理是所有企業經營者最迫切需要解決的問題，主要包括五個方面。

一是架構管理。企業應建立什麼樣的結構才能實現最佳效果？需要創立哪些部門？各個部門之間的運作又該如何設定？

二是業務管理。企業的核心業務是什麼？如何做好這些業務？如何拓展其他業務？如何協調技術部門與業務部門之間的關係？

三是制度管理。企業應該建立怎樣的管理制度？這些制度是否合理？是否可以產生正面的激勵效應？是否能夠讓企業進入良性的正向循環？

四是客戶管理。應該如何精準服務客戶？如何處理客戶的需求、投訴和建議？員工能否及時將客戶的訊息回饋至企業？

五是薪水管理。給基層員工的基礎起薪多少合理？如何建立有效的獎金激勵機制？

　　這些管理，歸根結柢都總結為一個字——「人」。

◆ 1. 管理的本質，是管人

　　管，包含疏通、引導、促進、肯定、開啟之意，又包含限制、規避、約束、否定、閉合之意。理，即為玉石上的紋理。上乘的玉石，必然紋理順滑流暢。人工偽造的玉石，紋理充滿切割感，毫無發展規律之美。

　　管要管人，理是理事。

　　無論架構、業務、薪水，制度的背後是一個個真實的人。進入企業的人是員工，員工形成小組，小組形成部門，部門再搭建出企業。管理，一方面是要管人，另一方面是要理事，先人後事，人在事前。做好人的管理，才能去理好事情，進而做好整個企業的管理。

　　人的位置在事之前，人的價值比事更大。這是很多企業經營者最容易忽視的。他們是企業的帶頭人，但他們卻還停留在只看事的層面。工作中，他們注重員工如何服務、如何執行業務、如何開拓客源、如何內部溝通、如何提高效率、如何打造專案……其中無論哪一項，都是重要的事情，甚至會成為領導者眼中決定企業生死存亡的大事。

　　這些事情是否重要？當然！但這些就能構成完整的管理嗎？不能！

　　如果領導者將精力全部花費在指導事務性工作上，就會變成只「理」事，不「管」人，忽視員工的成長。

　　因此，企業面對的各類問題，諸如普通員工成長慢、菁英員工流失快、管理團隊鬆散、服務意識差、團體協調水準不佳等，歸根結柢，不

是因為領導者沒有去「理」事，而是他們沒有真正「管」人。

當領導者忽視「人」，所有「事」上的努力，就都將變成無用功。你的對手，只需要比你更會「管」人，就能挖走那些擅長做事的員工、合夥人，甚至最後挖走股東，讓這些「人」為他們做「事」。到那時，你才會追悔莫及！

圖 1-1　管理的本質是人

真正為企業創造價值的主體是人，而非制度、架構、資源。

制度、架構、資源，是為人所服務的，能讓人處於最好的做事狀態，當人們為企業創造價值的同時，獲得相應的物質、精神回饋，人們會團結在一起共同成長，形成擁有超強戰鬥力的團隊，為企業的發展貢獻自己的力量。

也有人這樣想，既然管理人是很複雜的事情，那麼我不如劍走偏鋒，做不需要實際管理人的企業！

這樣的想法現實嗎？在特定條件下，不是沒有可能。30年前，我們可以一個人憑藉一輛汽車，透過邊境貿易實現財富的累積，即「跑單幫」。20年前，我們可以在自己租住的房間裡，透過一臺電腦、一段程式碼建立一個資訊導航網站，以此賺取財富。當一些產業規則尚未建立，全產業尚屬於藍海的時代，少數企業家可以憑藉自己敏銳的眼光、大膽的決策和與生俱來的運氣，快速賺得人生的第一桶金。

但是，當各產業進入了發展完善、大廠林立的時代，想憑藉單槍匹馬闖天下，不對團隊進行人員管理，就完成商業版圖的建構，這已是遙

不可及的夢想。

　　也許你羨慕的那些成功人士，最初也是一間「一人企業」，但發展到今天，他們早就學會了團隊化作戰，而且管理的人員數量越來越多。

　　事業最開始起步時，都只需要管好自己身邊的幾個人。

　　今天，即便是一家不起眼的會計師事務所，也是包括會計師、客服、財務等不少於五個人的團隊。不需要管人的企業，在當下商業環境中幾乎不可能再出現。

　　即便出現類似機會，一個人能勝任所有工作，也需要進行管理。這就是「自我管理」——如何分配休息與工作的時間，如何分配技術研發和開拓市場的時間，如何保證在做好客服的同時還要做好資訊流通的管理，如何保證在經營企業的同時還要不斷接受培訓提升自身能力……

　　正因為一個人無法勝任所有工作，所以企業需要團隊、需要人員。經營一家企業，業務開展、薪酬制定、客戶服務、稅務處理、技術開發、採購與通路商對接……這些都需要透過每個人的工作來實現。

　　所以，在一些企業經營者表示經營很難時，我往往會問他們：「對於人員管理問題，你每天會付出多少時間？」如果得到的回答是：「這些工作有其他人來做，我主要負責企業的大策略方向。」我會表示：「你給自己的定位已經出現了嚴重的偏差。」

　　企業策略重要嗎？當然重要。但是企業策略是如何實現的？依靠的是每一個員工、每一個部門的齊心協力和不斷糾錯，才能按照既定的方向前行。忽視員工管理，只沉浸於自己的「星辰大海」之中，就像一名只看地圖的船長，不關注舵手朝哪個方向打舵，不在乎水手是否根據風向調整船帆，那麼我們的航船只能越來越偏離航道，最終迷失在風浪之中。

　　對於企業經營者來說，做好人的管理是關係企業生死存亡的大事。

◆ 2. 管人，要先管理想和夢想

　　管理是透過實施計畫、組織、領導、協調、控制等職能來協調他人的活動，使別人和自己一起實現既定目標的活動過程。

　　管理的核心是管人，而管人的重點是先管精神，再管行為。

　　這個道理很淺顯，但是卻有很多人做不好。他們可能理解管人很重要，但卻不清楚管人究竟先要管什麼。

　　我一天24小時都在公司，盯著員工看他們到底是不是全力投入，可是企業發展依然沒有任何改善！

　　我制定了一大堆制度，企業管理條例多達幾百條，可是員工還是不斷犯錯，我天天就是在這些事情上疲於奔命！

　　我天天和基層員工在一起，可是我感覺他們根本不理解我，總是想偷懶，想多拿錢。我管他們，比管理我家孩子都要痛苦！

　　……

　　以上這些抱怨，我聽過無數老闆痛苦地訴說。他們一再強調，理解管理的核心就是管理人，自己也是按照這樣的方法去做的。

　　但事實上，盯著員工做事、對員工制定各種制度，這都不是真正的管人，而是在管人的行為。

　　管理行為，會讓管理過程變得很熱鬧。例如，辦各種培訓、團康活動，設立各種評比、競爭機制，推行各種企業內部的文化建立活動等。從員工到主管，在其中忙得不亦樂乎。但只要活動結束，大家往往會還原到鬆懈狀態。

　　上述現象的原因，在於你只看到如何去管員工的行為，而沒有想到如何管員工的精神世界。

小到家庭，大到國家，都需要強大的精神力量。有了精神力量，弱能變成強，愚笨能變成聰明，稚嫩能變成老練。正因如此，管理才是從實踐到精神再到實踐的過程，而不是所謂強制、壓迫、懷疑、表演。這正如同和睦的家庭，絕不是一家之長憑藉自身的強勢對家人發號施令而產生，必然來自共同的理想、夢想和情感。

　　工作中，企業經營者如何組織一支高效率的團隊，引導員工認同團體的目標？

　　如何讓員工在工作過程中，正確地實現自己的人生追求，同時願意主動遵守而非被動接受規章制度？這些，都是管理工作的真正核心。如果只從便於領導的角度去將管理簡單化，將員工當作工具人，強行要求他們在行動上一致，而忽視精神管理，這樣的領導者，就永遠不可能做好管理，只能陷入「員工不聽話，管理員工很痛苦」的抱怨之中。

　　管理是著力於精神層面的藝術，是吸引員工認同的哲學，是改變員工追求的思維，而不是簡單的推行動作、強化行為、執行規定。真正的管理，最終確實會落實在實際層面上，但它的前提是精神上的主動，是員工發自內心的想法。

　　例如，對理想的管理層面，企業經營者要幫助員工確定，自己有什麼樣的理想，企業的理想是什麼，為什麼制定這樣的企業理想，領導者自身是否擁有這樣的理想。

　　有的領導者，希望做好激勵管理，於是在員工大會上，或在員工年會上許願獎勵：「這個專案成功結束後，每個參與的員工都將獲得5,000元的獎金！」即便最終兌現了，但請問，金錢就應該是員工的夢想嗎？答案是否定的。金錢獎勵，無論名稱多好聽，但本質上只是現實交易。激勵和引導員工離不開交易，但如果只有交易，卻不培養員工對未來的

渴望、對價值的追求，他們就不會有理想、有夢想。久而久之，團隊士氣渙散，員工將只會看到眼前的好處，那些更有追求、更有抱負的人才在這裡感受不到未來的更多可能，只能果斷選擇跳槽，到更優秀的舞臺上展現光芒。

好企業不僅重視理想管理，更重視夢想的管理。某家餐飲界大品牌，將其內部培訓機構命名為「夢想大學」，打造夢想驅動型團隊，就是出於此種策略考量。相比之下，那些忽視夢想管理、不做理想管理的企業經營者，簡直不勝枚舉。

他們覺得精神層面的東西太虛無飄渺，反而在行為細節上加以重視，結果無一例外，暴露出對「管人需要管精神」的認知不足。

要想做好企業管理，就要做好人員管理。企業經營者所制定的各種制度應該是符合人員特質，符合企業發展客觀規律，適應員工追求、能力與目標，尤其要能觸及乃至深入員工精神層面。意識到這一點，才能真正認識管理、重塑管理，讓管理落實。如果依然只停留在盯著員工工作行為、防著員工跳槽、抱怨員工不努力的階段，那麼永遠都不會成為企業最需要的掌舵者。

02　傳統東方式管理有什麼祕密

在全球經濟一體化的浪潮下，越來越多的傳統企業走出去，參與到海外市場布局中。這一變化，導致新的問題出現在管理者面前。不少筆者的資深學員，都曾感到困惑。根植於傳統的東方管理方式，是不是已經行不通了？是不是只能全面採取西方管理模式，才能更好地適應時代發展需求？

這個問題相對複雜。當代企業，是否需要在傳統和科學管理基礎上，形成自己的獨立特色，而未來又如何對這種管理文化加以發揚光大，值得我們探討並做出解答。

◆ 1. 管理，是否分國籍

管理，是否分國籍？

實際上，所謂不同國籍的管理，並非首先表現為管理方式的不同，而是思考方式上的不同。我們先從思考上對東西方管理形成邏輯判斷，再做應用層面的探討。

我曾遇到過不少企業家、企業管理培訓師，都表達過這樣的觀點：「管理不分國界，不需要按照文化區分，是一門社會科學。」換而言之，只要在其他地方獲得成功的管理觀點、管理方式、管理技巧，只要稍加調整，即可拿來使用，不必過於拘泥於區域文化特點。

如果認同這個觀點，那麼我們對下列企業的模式差異，又如何理解？

Google 推崇自由文化，每週都會要求員工抽出一定時間「開小差」，天馬行空地去想創意，即便看起來毫無邏輯也無妨，主管不會對此橫加指責，反而還會一起加入討論。

與之相對，豐田集團則運用了享譽全球的「精益化管理」，它的誕生源自於儒家文化，提出了「以客戶價值帶動生產系統之道」。在這種模式下，豐田推崇的不是西方式的「個人英雄」，而是團體的讚揚和認同，以及來自家庭及鄰里的評價。在這種管理思維中，有一個現象非常值得關注：如果企業出現問題，解決問題的主要力量應該是每一個員工，而不是像美國管理體系一樣，主要依賴管理人員或技術專家。

Google 與豐田，採用的是兩種截然不同的管理思路模式，而它們背後，還有更多的企業。

如蘋果、亞馬遜、特斯拉、通用等，無一例外都是建立在美式文化、美式思維的企業。更自我，更崇尚自由，這是美國、美國人、美國文化的根基，所以這些企業自然帶有這樣的特質。

而豐田、本田、松下、三星等受東方文化影響較大，多數企業都帶有濃郁的儒家文化特點，內部管理呈現「集體化」特徵，尤其注重秩序、規則和尊重意識。

伴隨著經濟全球化，兩類截然不同的管理思路如今也呈現融合之勢，但究其本質，管理依然帶有很強烈的「國籍屬性」。這種國籍，並非嚴格意義上的國家，而是每一個地區在成百上千年的發展中，所呈現的文化類型。就像日本、韓國，在他們快速崛起的時代，許多學者對其模式進行研究，發現他們的企業管理模式與西方企業管理模式存在明顯差異。由此基礎上，誕生了「企業文化基因理論」。

認清企業文化有基因層面的不同，我們才能更好地理解傳統式管理的奧祕，引入西方管理的精髓，並對二者實現互相結合。

◆ 2. 東方式管理的價值

在對管理的「國籍屬性」了解的基礎上，可以進一步分析傳統式管理的價值。

日、韓企業的管理模式，源自傳統文化，並加以本土化的改造。傳統文化中，儒家思想是核心，也包括法家、墨家的思想，它們共同構成了傳統式管理的基礎理念。

「以人為本」是傳統文化中最重要的價值表達，也是東方式管理的核心。

東方式管理以「安人」為最終目的，因而更具有包容性。這種包容，表現為「同中有異、異中有同」的人事管理目的。其管理思維，主張從個人的修身做起，然後才有資格來從事管理。所謂事業，只是修身、齊家、治國（治理企業）的必經過程。因此，在傳統式管理思維下，想治理好企業，就要理解儒家文化的精髓，知行合一地對自我進行修練、提升。當我們的認知、團隊的認知都在不斷提升，企業盈利自然不請自來。

在思維體系上，東方管理與西方管理呈現出顯著不同的價值。西方管理模式以結果論為價值導向，為實現盈利而不斷增加、調整管理技巧。東方式管理則以過程論為導向，不斷提升個人、團隊、部門的整體意識和行為，企業的盈利（不僅包括具體的收入，還有抽象的人才累積、員工能力提升、企業架構完善）在這個過程中不斷增加。

正是因為這種區別，造成了東方式管理更關注「人」，西方式管理更關注「制度」。圍繞「以人為本」做管理價值文章，是管理成功的關鍵。管理是修己安人的歷程，提升自己的修為，替員工帶來統一的思想、不斷進取的目標、合理的成長環境、可以實現的夢想，東方式管理也應圍繞這些內容展開。

《論語》云：「道之以政，齊之以刑，民免而無恥。道之以德，齊之以禮，有恥且格。」將這段話引入企業管理，就是靠制度與流程去管理，以賞罰來約束，員工雖不敢觸犯，但會以觸犯為恥。靠企業核心價值觀去引導，以職業精神來約束，結合實踐整章建制，員工不僅遵規守紀，而且會以此為榮。

《大學》曰：「致知在格物，物格而後知至，知至而後意誠，意誠而後心正，心正而後身修，身修而後家齊，家齊而後國治，國治而後天下平。」在企業管理中，我們可以這樣理解：真理來源於實踐，只有勇於實踐才會昇華出理性認知。

這樣才會聚精會神、專心致志，才會端正思想和認知，才會完善和超越自己，才會由小到大地管理好企業或組織。從本質上講，管理就是實踐。從方法上講，管理是一門透過管理自己而影響他人的藝術。

璀璨的中華文化體系內，類似的觀點還有很多，它們都是我們進行企業管理的原則與依據。不要想當然地認為傳統文化已經落伍，必將被淘汰。不可否認，每種思想都有其局限性，但我們不能因為局限性就全盤否定，而是應該吸取其中的優秀成分，繼承、發揚並創新，在企業管理實際應用中靈活應用，這樣東方式管理必然會產生新的火花。

◆ 3. 東西方管理融合，更須關注員工觀念培養

「橘生淮南則為橘，生於淮北則為枳。」三千年前《晏子春秋‧內篇雜下》的這句話，為管理者的疑惑做出了解答。

西方管理模式，是經西方國家的企業探索出的行之有效的方式，東方企業當然需要積極學習。但學習並不意味著全方位否定自我，否則，這種管理模式就會成為「北枳」，不僅無法適應國情，甚至還會產生嚴重的排斥反應。如果不根據國情、不了解社會特色、不站在民族文化基礎上，進行行之有效的改良，無論引入多少新鮮的管理模式，對於企業的發展也難以產生推動效果。

在東西方管理融合過程中，對員工觀念的塑造最為重要。

從目前來看，企業員工主體已是「八年級中段班」乃至「九年級

生」。他們有獨特的成長環境特點。這種環境特點，是西方傳統管理體系也未曾接觸到的，同樣缺乏行之有效的指導。企業經營者，從這種獨特的環境因素出發，必須注重對員工觀念的管理。

某知名藥廠為了引入更加先進的管理模式，從歐美聘請了專業經理人，這是一位在美國、加拿大有著豐富管理經驗的高階人才，該企業希望能夠透過他建立新的管理體系。然而，這名經理人進入公司後，並沒有深入了解企業文化與當地習慣，更不懂得企業內員工的心理特點。他只是將西方的管理模式生搬硬套，將管理西方員工的方法移植到這裡。

例如，他追求即所謂「開放式辦公」，市場方針沒有確定，工作時間卻變得非常凌亂。一開始，員工找不到他；後來，員工乾脆不找他。理由是，「他不適合當我主管」，由此導致企業內部問題頻發。

由於對多數員工的觀念特點缺乏了解，他無力再進行管理，最終不得不選擇辭職。

不僅亞洲企業，近年來不斷退出亞洲市場的跨國企業，很大原因在於沒有理解東方員工的觀念特點，刻板地將西方管理模式套用在亞洲企業，導致「水土不服」。

這裡說的觀念就是世界觀、人生觀、價值觀。企業經營者必須用正確核心價值觀教育和引導企業員工，幫助他們樹立正確的世界觀、人生觀和價值觀。對「八年級生」員工的一些行為特點，領導者不能簡單地用「好」或「不好」來判斷，而是應該進行客觀的評價。

「八年級生」出生時，其平均家庭經濟背景與過去相比，已有了相當程度的提高。他們絕大多數人，都有溫飽保障，更多人還都出身於殷實之家，不像「1960年後」、「1970年後」出生族群那樣，吃過生活的苦。同時，他們絕大多數人都是獨生子女，從小處於家庭的核心地位，是被

充分寵愛和關注的一代。他們受到的學校教育，又更為公平、開放和創新，更為強調全面競爭。

這些原因，讓「八年級生」在內心更具安全感，更加有自信，也更喜歡直接、真誠、坦率地交流。他們對世界、社會、職場、人際關係等因素的理解，與傳統管理的對象是不同的。在他們眼中，沒有那麼多上下級之間的差異，更不存在「企業養我」的概念，反而覺得是自己養活了企業經營者。他們也不希望自己的工作是為了餬口，反而從職業起點開始，就定位在成長、發展、創業等未來長遠目標上。因此，「八年級生」不會委屈自己而為領導者眼中的重要目標打拚、吃苦，為了那點薪資不值得這樣。但反過來，如果他們在工作中獲得了精神激勵，有了情感收穫，他們就會將領導者的目標，看成自己的目標，將自願積極地努力創新，甚至不考慮眼前薪資收入的多少。

「八年級生」員工的特點，既有利於企業管理的因素，也有不利於企業管理的因素。這些獨特的年輕人，構成企業的管理現實對象，也必將改變企業的管理思維和方式。如果無視其特點，照搬照套西方管理模式，將會遭到失敗。只有在現實基礎上，不斷引導和培養他們樹立核心價值觀，才能發揮其優勢，避免其劣勢。

對企業而言，從實踐和思維兩個層面去理解員工特點，才能做好東西管理模式的結合。實踐中，西方管理模式重技巧，能夠幫助我們用合理的方法論進行企業管理。傳統東方式管理重思維，讓企業建立一套完善的思辨體系和哲學理念，即「知行合一」中的「知」。思維與技巧相互統一，這樣才能打造一艘無敵的企業航母。

03　什麼才是真正的管人：管自己與管別人

管理的核心，在於「人」。

然而，多數企業經營者往往會陷入這樣一種失誤：管人，就意味著「管別人」。

作為企業經營者，當然需要管別人，這是他的重要工作。但我們還應意識到，企業內的人，同樣包括自己。真正的管人，是先管好自己，再去管別人。優秀的企業管理，起源於領導者的傑出自我管理。一個連自己都管理不好的領導者，是無論如何管理不好團隊的。

試想，企業經營者如果自己總是無精打采、灰頭土臉，他是否值得擁有一個神采奕奕的員工團隊？企業經營者如果自己總是遲到早退、投機取巧，他是否配得上一個能力出眾、態度端正的員工團隊？當然不！企業經營者自己都做不到的事，就沒有資格去要求員工也認真做到。

然而，自我管理是管理工作中最容易被忽視的，尤其應該引起領導者的關注。《論語》：「吾日三省吾身。」企業內身居越高，對自己的管理就應該越嚴格。

首先，要以身作則。領導者必須成為員工的鏡子，如果一件事情自己無法做到，就不應也無須要求員工去做到。

其次，要身先士卒。很多文章講「戰術上的勤奮掩蓋不了策略的失誤」。但實際上，策略的正確更離不開戰術上的勤奮。領導者不僅是整個企業的策略制定者，也是戰術帶頭人。被大眾所認識的企業家，都是戰術勤奮者。

戰術勤奮，意味著領導者不僅要懂得在辦公桌和電腦後制定策略方案，為員工劃定前進路徑，更要懂得親自走到這條路上，與員工一起越

過障礙、克服困難。只有員工看到這些具體的戰術行動，他們才會相信，領導者和自己正在同行，正在進步。

做到以身作則、身先士卒，領導者的觀念才是正確的。這樣的領導者，才有資格去管理別人。換而言之，只有「搞定」自己，才能「搞定」別人。一個「搞定」不了自己的人，也就「搞定」不了團隊。

領導者應從以下角度，看待自我管理的重要性。

◆ 1. 為什麼要學會管理自己

管理自己即「修身」，不僅是傳統文化的重要內容，也是現代管理學中的基礎心跳。美國著名企業家傑克‧威爾許（Jack Welch）就說過：「一個連自己都管理不好的人，是無法勝任任何職位的。」

作為領導者，作為企業高層，不會管理自己，就沒有管理下屬的能力。空有權力，卻毫無信服力。

一個很簡單的例子可以說明問題。

某企業制定了每週五9點晨會的規定，中階以上主管必須參與。而董事長本人，卻總是參與一次、消失三次，且消失的原因並非出差、客戶會面等臨時情況，而是因為自己要去高爾夫球場應酬，或是參與其他的社交聚會。

不過半年，週五晨會制度便形同虛設。因為沒了董事長坐鎮，大家不知道為什麼開會，問題也不知道找誰彙報，晨會變成了走過場。

由於領導者缺乏自我管理的意識和能力，所有人在晨會上毫無生氣，晨會也就變得缺乏必要了。如果繼續發展下去，這樣的晨會將進一步削弱士氣，產生嚴重的負面問題。

類似這樣的企業經營者，在我的培訓經歷中見過不下數十位。他們沒有發現是自己出了問題，反而一再將企業經營不佳、晨會效果不好的原因歸咎為「員工沒有進取心」。

　　火車跑得快，全憑車頭帶。這是很淺顯的道理。老闆不自律，那麼在員工的眼中，就不是個值得學習的領導者。因此，他們對待工作自然變成得過且過。更嚴重的是，類似領導者，不論在外面參加多少培訓和學習，掌握了多少先進的「管理工具」，等他們回到企業，員工除了抱怨「老闆又要整人了」、「是啊，又被人洗腦了」外，不會表現出任何新的反省與配合態度。

　　從個人角度看，企業經營者的不自律，最終還會對企業的客戶帶來影響。客戶會認為，領導者缺乏自律能力，不是值得合作的人。而從員工角度看，當他們與這樣的客戶對接時，對方自然也不會對員工抱有多少好感，因為領導者已經讓客戶產生了先入為主的情緒。

　　領導者必須了解，很多時候，企業員工之所以選擇一家企業作為職業，不是因為想要「被管」，而是因為在這家企業的領導團隊身上，能發現值得自己學習的地方，以及讓他們覺得安全的特性。他們會在隨後的工作中，有意無意地觀察和評價領導者，以驗證自己的判斷是否正確。

　　因此，如果領導者懂得尊重員工，那麼員工也會同樣尊重你；如果領導者嚴謹對待工作，員工也會形成同樣的工作習慣。你怎樣管理，員工就會以同樣的方式對待自己……簡而言之，員工的問題，都能反射出管理者自身的問題。

　　因此，領導者一定要注意自己的一言一行，你做的每件事、說的每句話，都會潛能默化地影響員工的言行舉止、行為方式。

　　在商業歷史上，許多優秀公司也同樣如此。蘋果快速崛起之時，賈

伯斯（Steve Jobs）的人格魅力是關鍵因素。儘管賈伯斯並非完美，但在對待工作、對待產品精益求精的態度上，他非常認真和投入，是絕對的自我管理高手。員工很自然地認為，這樣的老闆一定有強大的內心力量，跟著他學習、奮鬥，自己也會變得更優秀、更成功！

作為企業經營者，不要將企業看成自己的領地，覺得這裡唯我獨尊，能無所顧忌、放飛自我。實際上，領導者也只是企業內的職位，同樣是團體成員，他們的一言一行、一舉一動，也應受到企業文化和紀律的約束，並對員工具有更大的教育性、示範性和影響力，發揮著潛移默化的作用。

更高階段的「管自己」，是指領導者在遵守企業基本規章基礎上，不斷提升自己的影響力，帶動員工的進步。

領導技能的缺失，是很多業務骨幹被提升為管理者，或是優秀人才創業成為領導者後最大的障礙。這個階段中，具體的業務技能也許很難快速提升，但更重要的是領導技能，如果無法在該領域獲得突破，將很難坐穩企業的最高位置，企業業績就會很快呈現下滑的趨勢。尤其對董事長、高階總監、事業部總經理等職位而言，更須實現從管理人員到管理部門的跨越，這些高層管理者，應更多關注商業、業務、財務等問題，培養制定長期策略和領導推動的能力。

陳先生是某科技企業的核心技術人員，連續攻克多個難題，公司為此成立了專門的新部門，提拔其為部門總監，負責全公司業務。一開始，這個部門不過3個人，陳先生依靠經驗即可應對。但是，隨著部門人員增加到30個人的時候，他已經無法輕鬆應對。但他並不認為是自己的能力不足，反而認為有下屬故意要看自己難堪，於是每天工作就是部門「指責大會」、「揭發大會」，工作根本無法展開。最終結果可想而知。部門被取消，他又回到了過去的職位上。

領導者應隨時關注自己在企業的什麼位置，需要掌握哪些新的知識、技能。

隨著領導者地位的提升、公司規模的擴大、業務線的擴張，其要求也不斷升高。管自己，不只是要求自己遵守公司紀律，率先示範，這些只是最基礎的自我管理。領導者如果不懂得及時學習新的內容，也就無法實現真正的會「管自己」。

◆ 2. 領導者的狀態就是企業的狀態

一個領導者，首先要管理好個人的狀態，其次才能管理好身邊人的狀態。觀察領導者是否優秀，是否能在未來提升企業，核心不在於他的學歷、背景、產業，而在於別人眼中，他有怎樣的狀態。

領導者管員工，看似天經地義，但卻絕非易事。

我遇到過很多老闆，往往都愛這樣向我抱怨：「我已經做得滴水不漏了。每天都會早早來到辦公室，最後一個離開辦公室，可是下面的人不理解我的良苦用心，什麼事情都做不好。我感覺招募的這批員工，簡直根本管不了！」

來到我這學習的很多企業經營者，都會對此產生共鳴。那麼，為什麼領導者看似鞠躬盡瘁，卻依然做不好管理呢？

最關鍵的一點，是他們沒有從自身做起，去正確理解和運用管理的方法、經驗。這樣，當員工感到無助時，從領導者處卻得不到應有的激發力量，也就會變得越來越懈怠、低沉、放棄和逃避。

當然，員工狀態低迷，找不到前進理由，也有其個人原因。

「八年級中段班」的年輕人，由於性格、教育、年齡、環境等因素，

整體上變得更加脆弱，不擅長獨自抗壓。不少員工即便面臨困境，感到無力，也還是不好意思向周圍人透露，更不會主動向領導者表態求助。與此同時，領導者對員工的感受視若無睹，甚至也忽視了自己的狀態。這樣，當員工在無助的低谷，想要在領導者身上找「充電」機會時，想要觀察領導者的工作情況來為自己樹立希望時，卻發現這些都是空洞的奢望。領導者自己的狀態也並不算出色，員工就會感覺自己更沒有信心。

領導者的不理想狀態，成為員工信心的最後殺手。如果企業出現大量這樣的員工，怎麼可能會有好的經營狀態和結果呢？

領導者必須記住，懈怠員工，並非天性如此。絕大多數人加入企業，都會抱有一顆積極向上的心，他們期待能做出貢獻，能分享收益。但當他們遇到困難後繼乏力，又無法從領導者的狀態中汲取力量，他們才會懈怠、低沉，最終逃避、放棄和離開。

現實中，很多領導者發現員工狀態不對，只會採取生硬的管理方法，或者處罰，或者讓其走人。但當員工流失後，領導者面臨新的徵才、培訓任務，又感到同樣麻煩，導致企業陷入惡性循環。

領導者不應責怪員工不會自主「充電」，更不能指望他們自己「野蠻」成長。

相反，領導者需要將整個公司看成一個車隊，隨時觀察、分析、判斷，發現其中哪些「車輛」缺乏動力，隨後用自己的積極狀態，有所針對地為這些員工補充動能。這正是領導者自我狀態管理的價值底蘊。

◆ 3. 學會管自己，再去管別人

管自己，是管別人的經驗來源。當我們真正懂得管自己，且在工作中將其落實，接下來才能更好地去管別人。

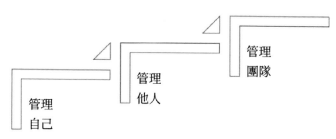

圖 1-2　管理自己才能管好他人

　　學會高效率領導，必須以己度人。從對自身的了解出發，學會角色代入，理解管理的對象。一言以蔽之，應該將員工看成「道友」，而不是「資源」。

　　什麼是「道友」？答案是志同道合的朋友。領導者不妨捫心自問，當初為什麼要創業？為什麼在艱苦的創業初期，大家能有那麼高的積極性？其實，那時的志向和新入職的員工有很大的相似點。個人要找出路，家庭要還房貸，孩子要有好的教育環境，父母要有好的養老環境……這些現實壓力，促成了領導者當初的努力，也同樣是員工入職的初心。

　　如果領導者能從這點出發，就能和員工找到更多共鳴，而不是冷冰冰地將員工變成「管理對象」，把自己放上「我養你們」的位置。

　　從理論層面來分析，管人是領導者基於對員工工作內容、性質特點的理解，找到合理、科學的方法和方式，對企業的人力、物力、財力等各個方面進行合理的分配，以便使得各資源相互配合完成一個企業的既定目標。這個既定目標，就是企業的願景、利潤和發展。

　　「用科學的方法進行資源分配」，是管理的核心重點，而「理解」才是前提。

　　領導者同樣要明白「理解萬歲」的可貴。對於面向員工的管理，不能總是停留在「盯著員工、要求員工、訓斥員工」的層次上。在這種層次

上，領導者變成了理所當然「高高在上」的主體，而員工成了被動的客體，其管理效率的低下是必然的。

領導者應該捫心自問，是否沒有熟悉職位、員工，是否無法代入產生共鳴，就盲目進行所謂管理？如果確實如此，問題就出在缺乏自身管理上。如果領導者未把員工當成「道友」去看待，也就很難結合個人的成功經驗，去正確理解員工、影響員工。

再去想這幾個問題：

如何將資源合理分配給每一名員工？

是否知道他們需要哪些資源？

員工是否理解你的目標？

員工是否有能力做到你想要的？

如果員工的能力還不足，有什麼辦法進行資源調配、解決問題？

……

如果這些問題你都無法做出準確的回答，那麼很遺憾，你當然做不好管人的事情，你根本不懂得管理的真諦。因為你沒有真正嘗試和體驗過員工的角色，也沒有對自我管理進行對應觀察總結。這樣的你，顯然缺乏管理經驗，也不懂管理的突破口。

用一部電影來分析，什麼才是真正的管理。

一個公司的人去旅行，但忽然遭到大風暴，不得不臨時靠岸。最終，全公司的人都被困在了一個荒無人煙的小島上。一開始大家都很慌張，感覺世界末日要來了，沒了主意。

就在這個時候，一個人站了出來，他冷靜地分析情況，帶著大家找路，爬到樹上摘果子作為果腹之物。看到他具有這樣的能力，大家推舉

他為領頭人，解決大家生存的問題。因為他懂得利益的分配，懂得怎麼把這座島上的所有的資源合理地進行分配，儘管在這期間他也流露出其鑽營算計的本性，但是在他的帶領下，本來混亂的一群人，變得井然有序起來。

儘管最終，這個人因為各式各樣的原因又被推翻，但是不可否認的是：這個階段的他，做好了管理的工作，讓所有人突破了最初的焦慮、慌張，保證了全公司的人在島上的正常生活。

這就是管人。試想，如果我們與全公司的人流落在荒島之上，我們可以做到如此嗎？荒島其實就是我們的公司。如果你想要帶著大家適應、建設和拓寬一個荒島，那麼你自己就要有在荒島上探索過的經歷，起碼要有類似的經驗。不要總是認為自己很忙碌就是做好了管理，如果不透過事先自我管理、適應和累積，歸納資源分配的關鍵奧義，也就無法獲得員工的信任，只能陷入「管人難」中而無法自拔。

真正的管人，不是讓別人「聽從」自己的安排，而是要先自我理解和管理，再引導員工「理解」領導者，從而主動投入到工作之中。

真正的管人，不是領導者的頤指氣使、員工的忍氣吞聲，而是管理者透過科學管理自我，確保資源調配和心態分享始終是正確的。這樣，員工將產生與領導者的共情，表現出更高效率。

真正的管理，必須有一套完整、系統、科學的自我管理基礎支撐，在自我管理實踐之上，優秀的領導者才能將自己可支配的資源進行合理分配，激發員工積極態度，用最小的成本，贏得最大的利潤。

所以，不要抱怨員工不聽話，而是要反思自己是否建立了自我管理的思維，是否懂得自我管理的技巧。當我們對管理有了明確的認識和執行，再去尋找方法，就能真正做好管自己、管別人！

04 為什麼說「先人後事，人在事前」

先人後事，人在事前，是管理的不二法則。我們常說，企業的「企」，上面是「人」，下面是「止」。如果企業沒有「人」，就會「止」步不前。如果領導者發現企業停步不前，很大可能是其中的人出現了問題。

為何我們得出「先人後事，人在事前」的結論？

◆ 1. 先人後事的三個原因

「先人後事」，是企業管理基本法則，主要取決於以下三方面原因。

(1)企業的本質是人。首先，所有的企業，都是「人」發起、組成而不斷進步的。不少領導者習慣性地對員工說：「企業接受了你們、培養了你們……」但換言之，難道不是員工組成了企業？

實際上，企業好壞的本質在於人。大多數企業經營者錯誤地認為，資產負債表上的那些內容，是他們最有價值的財富。事實上，人才是帶來這些財富的基礎。許多領導者常誇耀的是企業品牌、產品、股份、榮譽等，卻很少提及公司員工。資本、產品、財務報表是企業成長的必需品，但人才是企業的本身。

仔細觀察一些優秀企業就會發現，這些企業的員工足夠優秀，才讓企業變得優秀。卓越的企業，必然來自卓越的人才。我們常看到某些企業家雄心勃勃地去併購其他企業，結果卻招來一連串失敗。其中很大原因，並不在資本運作、制度設計、合作方式，而在兩家企業人員水準差別，即人本身的差別，使得兩者無法相容。

企業是由人組成的。如果沒有合適的人參與，企業正常運作的能力將會大打折扣。精明的領導者會重視那些能力突出的管理人員，但在對

其他人的重視程度上，還顯得不夠。

為此，領導者應換一個角度看人的問題。在企業中，領導者需要對員工進行區分激勵，但不能分成三六九等來看待。如果你覺得有些人對企業重要，有些人不重要，企業就不可能長期全面地發展。那些被你看成不重要的員工，自然也沒有理由將企業看得更重要。因為即便企業盈利更多、收益更大，他們都是「二等員工」，都分享不到這種變化帶來的好處。

領導者必須將企業看成每個員工的組合體，將每個員工看成企業的分支，這樣，才能有效執行先人後事的法則。

（2）企業的核心是人性。無論是管理員工，還是服務客戶，都離不開對「人性」的認知、解讀和彰顯。

過去的企業管理理論，將情感和理智、個體和集體、利益和權益等，放在截然對立的兩面，追求短期利益最大化。為此，領導者還將人員和資源、管理和控制、壓力和管束等概念混為一談。但經過十幾年的變化，我們發現，持續採用這種管理方式，無法保證利潤持久最大化，甚至無法控制企業的平穩發展；相反，它會讓你的員工變得越來越沮喪無助。由於員工沒有得到人性化的尊重，想要讓他們的工作和服務能滿足客戶人性需求，也就變得異想天開。

管理應該是利用而非封鎖人性，要激勵人性而非壓制人性。當員工的人性被尊重，他們的積極性就會被充分開發，客戶得到的服務就會更好，企業的利潤增加也就不在話下。

研究發現，員工精神的力量是非常強大的。過去被企業稱為「軟體」的建設內容，諸如價值觀、文化、思維和行動，實際上都是強化員工人性價值的力量能源。

正是在對員工人性的發揚過程中，領導者才能找到幫助他們從平庸到優秀的階梯，將他們帶上正確的道路。這樣，員工就會從無知和恐懼，轉為關注共同利益。

當領導者更重視發揚人性時，員工工作關注的優先順序，也會發生顛倒，更重要的事會被他們排在更前面。而他們也會變得更關注客戶的人性，這樣整個企業的營運模式都會得到優化。當然，在企業中，領導者還是會做出一些困難的決定，如降低預算、關閉部門、職位裁員等，但更加重視發揚人性的企業，始終會比其他競爭對手更容易變革，因為員工的參與度更高。

(3)企業存活的目的，是「以人為本」。企業要堅持以人為本，對每一名員工給予相同的尊重。想要讓員工心中有企業，企業經營者的心中必須時時刻刻惦記員工。想讓員工熱愛職位，職位的領導者就要熱愛員工。

因此，領導者需要不斷反思「企」這個字的內涵，牢記「先人後事，人在事前」這8個字。

◆ 2.「先人後事，人在事前」的三個原則

所謂「先人後事，人在事前」，我們可以這樣理解：讓適合企業的人進入企業，讓每一個人進入各自最適應的職位。先做好人員的配置，企業專案再正式啟動，這是西方管理學中「先人後事」的原則。

同樣的原則，在中華傳統文化中也有明確的展現。「舜有臣五人而天下治」、「舜有天下，選於眾，舉皋陶，不仁者遠矣」這也是典型的「先人後事」：找到適合的人，再去做天下的管理。從用人這個觀點上，古今中外都是保持一致的。

「先人後事，人在事前」，有三個關鍵詞，是必須牢牢掌握的。

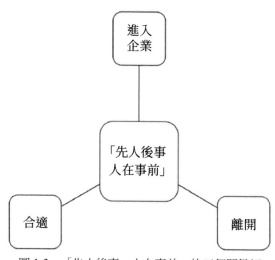

圖 1-3　「先人後事，人在事前」的三個關鍵詞

（1）「進入企業」。領導者最重要的工作就是選人，不論何時何地發現傑出人才，立即聘用他們，即使當時並不知道他們要做什麼具體的工作。這一點，多數領導者都可以做到，即發現人才高薪聘用。

（2）「合適」。什麼叫做「合適」？就是選擇人才注重品德相配、能力相配和文化相配，並且用人所長，有一句話叫做「兼明善惡，捨短取長」。但這一點，恰恰是很多領導者容易忽視的。

某企業經營者在一次產業交流會上意外得知：孫某是某家企業的談判代表，具有非常強的能力，尤其在砍價壓價方面幾乎無敵手。經營者恰巧需要這樣的人，於是用了一星期，高薪將孫某挖到自己公司，並直接給予了他採購部總監的職務。

一開始，孫某的確表現得很出色，均以低於市場的價格幫助企業拿下多筆訂單，但是不過三個月，經營者漸漸發現：孫某的採購價非常不穩定，有時候低於市場價，有時候卻明顯高於市場價。與孫某交談，他表示這是正常浮動。

經營者有些半信半疑，在一次聚會上和其他企業經營者聊起心中的疑惑。誰知，多名朋友表示，孫某雖然有能力，但是行為不端，他之前就職的多家公司都發現他與供應商私下拿回扣的問題。上一家公司，已經有了將其開除的想法。

類似的事件，在很多企業都有出現。這就是沒有做到「合適」的標準。所謂合適，不僅包括能力，還要包括對待工作的態度、職業道德。能力再高，如果損害企業利益，或是在企業內發展自己的小圈子，久而久之企業文化就會被徹底破壞，良好的氛圍蕩然無存，企業走上下坡路。

（3）「離開」。案例中的孫某，應立刻開除，因為他已經觸碰了公司的底線。

而對於只是職位本身不適合的員工，我們可以給他三次機會，即再讓他嘗試新的職位。如果依然無法勝任，那麼就需要與其解除勞動合約。

進入、合適、離開，這就是「先人後事，人在事前」的三個原則。這個工作是不斷進行中的，優秀的人才逐漸會集，不適合的人全部離開，那麼企業就會始終行走在正確的道路上。這就是「先人後事」的概念。

◆ 3. 為什麼要「先人後事，人在事前」

「先人後事，人在事前」的原則我們已經明白，但有一個問題，為什麼我們要成為這樣的領導者？我們是否可以讓員工執行這個原則，而自己不需要？

其實，企業經營者可以分為兩類，一類是「教練型」，一類是「明星型」。前者是「一個教練加一千個明星」模式，後者是「一個天才加一千個助手」模式。

教練型領導者的做事方法是，首先組建一個卓越的團隊，然後按照目標不斷前進。而明星型領導者則是先確定目標，再設計路線圖，最後召集人才按照路線實現願景。

後者，是典型的「先事後人，事在人前」。這種領導者就像軍隊裡的首長，一言九鼎發出指令，依靠個人的天才判斷力實現勝利。尤其在企業初期階段，多數成功的創業者都是這種風格，先制定策略再尋找員工。其中最典型的人，就是賈伯斯。他憑藉一個人的判斷力、決策力和對美感的掌控，就創造出了蘋果帝國。

但這種模式的弊端非常明顯，尤其當企業發展到一定階段時，如果領導者本人出現偏差，企業或者全軍覆沒，或者踢走創始人。賈伯斯同樣也經歷了這些。

人人都想做賈伯斯這樣的明星型老闆，但是現實中有多少這種「天才」呢？

賈伯斯之後，不少人自詡自己為「××伯斯」，然而至今沒有一個人能夠成為「賈伯斯第二」。天才的領導者有，但從機率上來說，幾乎和我們每一個人無緣。

用歷史做案例，我們會更加理解這一點。這個案例，就是劉邦與項羽。

27歲的項羽，憑藉著個人的勇猛就已經奪得天下，他是歷史上絕無僅有的「天才」。就在這時，有人提議：你應該據關中以成霸業。但項羽表示：「富貴不歸故鄉，如衣繡夜行，誰知之者？」說完，還將這人直接殺掉。結果最終，他輸掉了一手好牌，因為他認定「個人英雄主義」才是有效的，手下必須按照自己的計畫而不是提意見。所以，最終他敗給了劉邦。

反觀劉邦，他並不是什麼天才。他的這番對話，表現了他是如何做「老闆」。

當時他問群臣，自己為何能拿下天下？群臣無不吹捧劉邦，但劉邦說：「夫運籌帷幄之中，決勝千里之外，吾不如子房；鎮國家，撫百姓，給饋餉，不絕糧道，吾不如蕭何；連百萬之軍，戰必勝，攻必取，吾不如韓信。此三者，皆人傑也，吾能用之，此吾所以取天下也。項羽只有一范增而不能用，所以失敗。」

張良、蕭何、韓信的作用無須多言，此外還有更多將領，是他們的努力，奠定了大漢王朝的根基。很顯然，劉邦就是「教練型老闆」，他先解決的問題是人，知人善用，樂於納諫。在這個基礎上，再去制定統一全國的計畫。

項羽則是典型的「明星型老闆」。不可否認項羽的個人能力，但正是因為個人定位的不同，在項羽眼中「自己是最重要的」，最值得信賴的范增也必須依附、聽命自己，而不是提出建議。

所以，「先事後人」的領導者少之又少，幾乎沒有人可以完全勝任。想要讓企業穩定發展，領導者就必須建立「先人後事，人在事前」的原則。

縱觀近年來市場上那些轟然倒塌的明星企業，無一例外多數都是「先事後人，事在人前」的企業。

想實現「先人後事，人在事前」，對領導者而言，就必須特別關注徵才，不可以圖省事，將徵才交給人力資源部門獨立進行，而是應該參與徵才、選拔的全過程，提出甄選人員的標準和建議，要保證人力資源部門理解了我們人才選拔的理念。這樣，我們才能找到真正需要的人才，並逐漸打造出一支企業的鐵軍。

當領導者有了「先人後事，人在事前」的思維，再進行企業管理時，就會有了不一樣的想法。子曰：「為政以德，譬如北辰，居其所而眾星共之。」企業同樣如此，做好「先人後事，人在事前」，那麼你就是企業的卓越領導人。

05　企業管理，思維比能力更重要

在培訓課程中，我見過不下數千名的企業老闆與高層。接觸的人越多，我越發現一個現象：重技巧比重思維的人數量要高出許多。

這樣的現象，相信很多企業經營者都不會陌生：週末參加了一場管理培訓會，一個很小的技巧讓自己忽然興奮度飆升，認定找到了破解企業管理的密碼。

於是，第二天來到辦公室，立刻將這個技巧安排下去執行。一開始，這個小技巧的確發揮了作用，但不過一個星期，它的影響力就開始逐漸減少，到最後甚至產生了負面能量。

企業經營者可能很疑惑，為什麼其他企業使用這個技巧就可以成功，自己嘗試卻以失敗告終？

原因在於，你很可能只看到了管理技巧，卻忽視了技巧基礎的整體邏輯，即整體思維。一個技巧能成功，與整體環境、當時的場景、員工的理解程度以及其他技巧的綜合使用息息相關。

管理技巧是關鍵，但前提在於對於企業管理的環境有全面認知，要有一套完善的思維模型，這樣才能保證能力在正確的地方發揮。我們在不斷掌握技巧的同時，必須同步提升自身的思維，這才是真正的企業管理。

　　這一點，也是領導者自我管理的重要課程。正如軍隊的統帥，他當然要具備戰場隨機應變的戰術，但更需要的是宏觀層面的策略布局。領導者做管理，首先要提升思維層面的大局觀，然後再去完善技巧層面的能力技巧。

　　很多企業經營者的確非常投入和認真，整天忙個不停，但依然做不好管理。

　　由於缺乏策略思維，他們只想投機取巧地使用各種小技巧，結果得到的回報與付出完全不成正比。領導者如果整天忙著做這些瑣碎小事，沒有思考籌劃的時間，就會失去策略的意義。

　　比爾蓋茲（Bill Gates）說過：「一個領導者如果整天很忙，就證明一件事，能力不足。一個領袖如果整天很忙，就一個結果：毀滅。」所以，領導者的忙，要忙在重點上，要首先考慮思維層面的事情，對行動加以影響，然後再去做技巧層面的具體操作。

◆ 1. 領導者要會「裝」

　　在不少企業，領導者總覺得自己是棟梁，看不到員工的積極主動。只要他們坐在辦公室，員工就有無窮無盡的請示：「老闆，麻煩看看這件事」、「經理，那件事我可以推進嗎？」、「老闆，那個客戶出了點問題」……

　　面對這些，領導者會感慨，難道我不在，公司就完蛋了？其實，原因在於領導者沒有呈現出應有的狀態，在於領導者沒有「裝」的思維。

　　一個優秀的領導者，必須要在員工面前，成為「披上狼皮的羊」。

　　不要誤會，「披上狼皮的羊」，在這裡是褒義詞。

所謂「羊」，是指領導者也是人，也會有脆弱、迷茫、惶恐、緊張的一面。

所謂「狼」，是指領導者在員工眼中應有的樣子，能為他們鼓舞士氣的狀態。

在工作現場，領導者要有「裝」的勇氣，也要有「裝」的能力。無論領導者私下會面對多少內心壓力，但只要走進企業，就必須「披上狼皮」，展現出帶領員工不勝無歸的鬥志、決心和勇氣，讓員工感到內心有底、行動有力！如果領導者軟弱無力、鬥志渙散，員工只會變得更加推脫、更加無力。

◆ 2. 領導者要會自我反思

近年來，經營企業為什麼這麼苦、這麼難？和客觀環境確實有關係。但是，環境並非影響企業的唯一的因素，同樣的環境，為什麼有的企業仍然在快速發展，有的企業停步不前，更多的企業卻消失了？答案，似乎又並非客觀環境那麼簡單。我們將之總結為一句話：如果企業前幾年是在憑運氣賺錢，這幾年就會虧掉；如果領導者前幾年志得意滿、自視甚高，這幾年才會看到自己真正的管理水準。

自我反思，由此成為企業管理體系中最重要的四個字，也是領導者需要建立的高層管理思維。

為什麼企業需要管理？是為了保證企業的合理運轉，以此為根基獲得更大的利潤。管理的對象是誰？是員工，是一個個員工構成了管理的主體，他們決定了企業是否可以合理運轉。但在管理他們之前，領導者必須學會自我評價和反思。

過去，一些企業的領導者往往自視清高，認為自己才是企業最重要

的人，企業管理完全依賴老闆的個人情緒，用人標準是典型的口味型。

到了今天，越來越多的企業經營者發現，這樣的模式已經無路可走。尤其對於「八年級生」、「九年級生」，他們個性更強，過去那種粗暴的管理模式不可能行得通。稍有不慎，領導者還會因為自己的不當言行被員工申請仲裁、起訴到法院。為了管理好他們，必須要積極進行自我反思，讓自己成為他們接受、信任、喜歡直到追隨的領導者，才能成就自我、成就企業。

新的時代，「自我反思」逐漸展現出它的作用，是領導者必須建立的管理基礎思維。

◆ 3. 領導者要走出思維陷阱

現在，全球經濟互相接軌，建立了規範的體系和原則，各產業都存在著大大小小的旗艦企業。此時，企業想要殺出重圍，憑藉的不再只是領導者的既有個人能力，而是看誰能更先走出思維陷阱。

人性總是喜歡推脫責任的。當企業經營者面對業績退步時，他們的第一想法往往並不是在自己身上找原因。此時，員工素養不夠、責任心不強、競爭對手不按牌理出牌、供應商源頭不講規矩等諸多藉口紛至沓來，而這恰恰是領導者陷於思維陷阱的表現。主要表現在以下幾個方面。

（1）能力不足。即思考能力不足，領導者不觀察新問題，不了解新變化，自以為是內行，結果卻被時代和市場的發展所拋棄。

（2）思維局限。領導者滿足於既有的管理路徑去執行，不願嘗試新的思維方式和解決方案。長此以往，不僅企業整體的競爭力無法提高，連領導者自己都會被死死關在思維的牆裡，難以適應外界的變化。

(3)德不配位。古語有云：「德不配位，必有災殃。」意思是領導者自身的德行，要與所處的社會地位、做出的貢獻、享受的待遇相匹配，如果違背了這一規律，就會受到「報應」，即受到規律的懲罰。

經濟高速發展，不少身為草創一代的企業家，尤其是年輕創業者，在創造財富同時，其規則意識不強、法律和倫理的底線不清，很容易做出一些難以承受員工和輿論推敲的事情。

例如，有些企業家忙於奢侈和炫富，覺得自己不需要再努力了，只需要享受人生。有些企業家把股東、員工和客戶都視若無物，在企業裡搞「專制獨裁」。還有些企業家忙於多元化，到處併購、投資、發展新業務，不顧及自己的員工團隊和組織結構，是否能承擔新市場的需求……結果，這些企業家最終都會受到「德不配位」的懲罰。

「德」是領導者思維執行的格局高度。在管理中，思維的格局，永遠比能力更重要。提升了思維格局，才能破解管理困局，實現高效率管理。

◆ 4. 領導者要擴大思維格局

作為一個領導者，如何不斷提高思維能力，擴大思維格局？

(1)向有成果的人學習。學習別人的成果，可以讓我們獲得充分的經驗，就能避免走彎路，就能更好地提升追趕效率。

(2)將高手請到自己的企業。很多領導者捨不得投入成本，去請真正的高手，反而願意花費高額年薪，去邀請專業經理人來帶團隊。事實證明，很多中小企業，並不是適合專業經理人的舞臺。

為什麼要把專業經理人變成事業合夥人？只有當他們成為利益相關的合夥人，他們才會願意伏下身子，真正了解你的企業、你的員工、你

的客戶，才會感受到企業長遠發展和自身利益息息相關。

除了事業合夥人，企業家找到的「高人」還應該包括策略謀劃者。這些策略謀劃者，可能並不是具體產業的參與者和競爭者，但卻是態度冷靜的觀察者、經驗豐富的思考者和站位高遠的布局者，是真正的策略管理專家，而不是執行人。

他們對企業的影響展現在整體策略的設計和選擇，而不是只看到細節的差異。他們可能無法帶來短期的、直接的收益，但卻能解決關鍵性的問題。

(3)經歷挫折和失敗，並從中總結經驗避免重蹈覆轍。我常對學員說，如果你們的企業進入發展瓶頸期，體會挫折和失敗，那麼我要恭喜你，表示你正在「渡劫」。透過經歷痛苦，你的思路和行為才會真正打開。

人的一生是短暫的，企業家需要將時間和精力放在最寶貴、最重要的地方去創造真正的價值。

06 如何才能破解管理困局，高效率管理

找到了思維的正道，發現了認知的錯誤，接下來就應付諸行動，破解管理困局，實現高效率管理。一方面要找到過去存在的實際問題，另一方面則要進行有所針對的調整，建立全新的管理體系和思維。

◆ 1. 常見的管理困局

研究發現，多數管理存在病症的企業，往往都有如下這些現象。

(1)看似不缺，但什麼都缺。今天，能將企業做到一定規模的領導者，實際上並不知道自己缺什麼。經過創業最艱難階段，個人已有了基礎

財富，即便不算財務自由，但起碼也小有所成。企業有了還算成熟的業務流程、人員團隊，產品也在一定程度上被客戶和市場所認可，甚至可能在業界小有名氣。在外人看來，企業做成這樣，算是不錯了。領導者甚至可能頗為自得，覺得能留在產業中，證明自己的眼光、能力還是不錯的。

但這只是企業的A面，在B面，領導者卻常常抱怨自己什麼都缺。

而最缺的，還是資金。十幾年前，一筆上百萬元的投資，很多創始人就能把生意做起來，從默默無聞變得風生水起。而今天，即便拿到上千萬元的投資，也並不意味創業必然成功。這既是因為競爭不斷激烈，也因為市場劇烈分化，產業越來越垂直，行銷對象越來越精準。在各個產業內部，已形成不同層級的龍頭企業。創業者想用一筆資金就橫掃原有格局，從此「占山為王」，幾乎不太可能。

對此，許多領導者覺得，是自己手上缺現金流、缺創投，而競爭對手之所以強，是因為他們得到伯樂的垂青，從資本市場中得到更多的支持。

實際上，這種觀點太過片面了。今天的企業競爭，已走向全方位比拚，人才、資訊、組織架構、領導者個人素養，都會影響競爭因素，而管理則是將這些因素串聯的重要能力和資源。一旦缺乏管理能力，則無論手頭有多少現金、人才，領導者最終都會後繼乏力，覺得自己「什麼都缺」。其實，你缺的不是任何一項因素，而是管理能力。

（2）領導者只會賺錢，不會花錢。在培訓班上，我問學員，大家為什麼要開企業？很多人回答說是想賺錢。

的確，從社會角度而言，一家成功的企業，能增加就業、提高稅收、發展經濟，而從領導者個人最直接的收益看，能為其帶來財富。領導者創辦企業，確實是為了「賺錢」，也確實需要不斷提高相關能力。

問題是，當企業發展到一定規模，領導者擁有了超出普通人的財富後，接下來要發展什麼能力？還是不斷賺錢嗎？

答案是否定的。領導者必須學會「花錢」。

所謂「花錢」，不是指將金錢花費在高爾夫、宴會、社交等場合，更不是流連於奢侈消費、別墅豪車等。這些「花錢」，都只是個人享受，與企業無關。真正有意義的「花錢」方式，是指如何透過領導者自我投資、自我學習，提高個人管理能力，開闊個人管理眼界。透過「花錢」，領導者找到比自己更厲害的人、管理智慧更高的人、管理經驗更豐富的人，找到更好的學習平臺「充電」。

懂得花錢，掌握正確的「充電」方法，領導者才能有效為員工充電。領導者有力量，團隊才能有文化，企業才能有系統，這樣的企業，方可無敵於競爭。

(3)領導者總想拿錢，不想留錢。很多領導者在創業時勒緊褲腰帶，精打細算，向企業投錢，希望能開啟局面。而有所成就後，他們就很容易將企業看成搖錢樹，只想從中拿錢，不想留錢。其實，你拿走的不僅是錢，更是企業未來發展的動力，是屬於員工集體的財富。

這些問題，並非出自中層，相當程度上都是因為老闆或高層造成的。沒有建立正確的管理思維，是導致從上至下管理效率低下的根源。

◆ 2. 如何破解困局

從表面上看，出現的管理困局是因為中層主管造成的，但本質上卻是高層的老闆管理不當釀成的後果。那麼，類似這些問題，該如何進行破解？

（1）領導者要學會改變自我行為細節，以呈現出團隊所需要的外在狀態。今天，很多企業經營者表面光鮮，頂著「董事長」、「總裁」等頭銜，帶著年產值上千萬乃至上億的企業團隊。但他們的內心，卻常常能體驗到無力感。這種無力感，有的來自事業本身壓力，有的來自身體健康問題，有的來自家庭、父母和孩子，還有的來自領導者內心焦慮。為了對抗這種無力感，有的領導者想用炫富、炫權力、炫地位的方式，試圖讓自己的形象站立起來，為人所重視、尊崇。

但這些只是表面的，更多呈現的是無力感，既不能為企業帶來需要的資源，也不能解決領導者個人管理能力欠缺的問題。真正的「裝」，要「裝」在重點上，即提高領導者的覺知力和敏感度，即改變領導者的自我行為細節。

我任職的公司從十幾年前一家很小的企業管理顧問機構，發展到現在年產值上億元，領導團隊付出了很多心血和勞力，也承受著重大壓力。但身處其中，每個人都養成了良好習慣：從不會在工作場合表現出疲乏狀態。

領導者也是人，是人就會疲乏。有時，他們也會不由自主地打呵欠。

打呵欠是人腦下意識補充氧氣行為，不受控制，但他們卻能本能地捂住嘴，不讓員工看見。

為什麼要捂嘴？捂嘴既是為了雅觀，也是為了維持領導者的工作形象狀態。

無論何種企業、何種環境，無論是否在場，領導者都是員工內心所比對的標竿。普通員工潛意識認定，領導者就是自己的模仿對象，即「老闆怎樣，我就怎樣」。

　　領導者打呵欠、雙眼無神、行動無力、講話虛無飄渺，員工看來就是鬆懈乏力。他們隨之而來的表現，就會「追隨」領導者，導致工作狀態更加下降。而當企業陷入這種惡性循環後，很多領導者還並未意識到自己錯在哪裡，反而覺得是自己缺少權威、資金或者資源。實際上，他們缺少的是覺知力和敏銳感。正是因為缺少這些，領導者才會忽視員工的感受，在管理上力不從心，才會對企業存在的態度問題無所察覺，被動接受人事變化。進而言之，缺少覺知力和敏銳感，還會導致他們對市場變化的捕捉，都慢人一拍，處處被動。

　　為避免類似問題，領導者必須在員工面前表現出最能鼓勵他們的狀態，最能帶給他們力量的狀態。而在此過程中，領導者會養成更好的覺知力和敏銳感。

　　(2) 領導者應改變錯誤的工作角色定位。領導者既要懂得呈現正確的狀態，更要從內而外確定正確的工作角色。

　　秦朝末年，項家軍無敵天下，項羽總是身先士卒、衝鋒陷陣。與之相比，劉邦的軍隊並不占上風，劉邦本人也根本談不上勇武善戰。

　　但是，最終開創大漢300年基業的，是劉邦。原因在於劉邦的優勢，為項羽所不及。

　　劉邦在軍事專項能力上，有種種不足，但他懂得駕馭全局，審時度勢，判斷競爭局面的發展態勢。他懂得能屈能伸、不拘一格地尊重、信任和使用人才，他也懂得謙虛謹慎、從善如流地聽從他人的建議。相比之下，項羽在這些方面，都不是他的對手。項羽雖然表面上尊敬范增為「亞父」，但卻不願意聽從正確建議，在鴻門宴上放過劉邦，錯過了最好的機會。

　　戰場如商場，不但是表面實力的較量，但更是隱藏實力的較量。所

謂隱藏實力，就是人才的競爭。項羽雖然有婦人之仁，但他的心胸不夠寬廣，看不清楚整體態勢，又不善於吸引、拉攏和使用人才部下，這些都導致他手下原有的人才如張良、韓信、陳平等，「跳槽」到了劉邦陣營。

劉邦不僅沒有介意他們過去的經歷，反而虛心接受他們的看法，甚至言聽計從，最終取得了勝利。

劉邦和項羽都是領導者，相比之下，劉邦的思維更配得上領導者的位置，他的勝利也是對此最好的注解。劉邦有更大的思維格局，眼光更為長遠，取得的成績也必然最大。當然，並非每個企業家都會表現出這種低階的「德不配位」，另一種「德不配位」，是沒有意識到自己職位的職責，而是自以為是地表現能力。

例如，有人雖然做到了企業總經理，但還是喜歡事無巨細，全部由自己親自處理、親自負責。結果，不論大客戶、小客戶，所有談判，都要由總經理出面。

不論請款金額多少，都要由總經理簽字。

哪怕招募一個實習生進公司，也要由總經理面試。

哪怕調整一個最基層的職位，也要由總經理點頭……

對此，總經理雖然口頭上抱怨累，但心裡卻樂在其中。「這個公司，真是一天也離不開我。」他們甚至覺得，自己談判水準就是高、用人眼光就是準、財務管理能力就是強，在整個公司，只有自己是最能幹的。

看起來，為了企業發展，總經理嘔心瀝血、任勞任怨。但在我們看來，這恰恰也是「德不配位」的表現，限制了企業的發展，也妨礙了員工的成長，平添了領導者的壓力，卻換不來想要的結果。

領導者最需要自我關注的工作特質，是關鍵作用的管理藝術、總攬全局的領導能力。如果丟下這些，去和員工在某一方面比，甚至非要證明自己經驗最豐富、能力最突出，無異於捨本逐末，忘記了自己的身分。

在大多數企業中，領導者最需要鍛鍊和表現的個人能力，不是人事、行銷、財務、行政、後勤能力，而是對策略的掌控、對人性的洞察，對員工的吸引，對團體的鍛造。

(3)領導者要學會身先士卒，和員工同甘共苦。領導者身先士卒，並不只是帶頭加班工作，而是意味著站在員工角度，來分析自己的角色行為，克制自己的內心欲望。

「生死與共，肝膽相照。」這句俗語大家都不陌生，但在企業經營中，大多數領導者做不到這一點。我們常會聽到領導者抱怨員工執行力不強，沒有目標感，沒有創業精神。其實很多時候，領導者也要思考，你是否真的將員工當成家人，將企業當成家。

當企業經營者能夠意識到這一點，學會和員工同甘共苦，那麼就能把企業團隊打造得更有擔當，更有幹勁，更有績效。唯有如此，企業才能留住人才、善用人才，管理更加得心應手，基層員工的工作更加充滿幹勁，企業的發展自然水漲船高。

第二章 以人為本：
領導者要有成就員工之心

領導者與員工的關係是什麼？表面上看，是僱傭關係，員工為領導者工作，領導者發薪資給員工。事實上，是員工的存在，才造就了企業的發展，造就了領導者的成功。沒有員工做支撐，那麼領導者就是空中樓閣。所以，管理的精髓就是「以人為本」，帶著成就員工的心重塑管理，我們會發現企業管理並不是一件棘手的事情！

01 為什麼說領導者要有成就員工之心

企業的生存與發展，離不開客戶流量。但是，當企業千方百計引進客戶後，是需要員工去轉換的。一個企業能否發展起來，本質上是需要全體員工的共同努力。我們既然了解企業管理中「以人為本」的重要性，就是在管理系統的建設中，投入實際努力，讓「以人為本」落實。如果對這四個字加以延展，就會形成一句關鍵話語，即領導者要有成就員工之心。

◆ 1. 三個問題，解決內心的困擾

很多領導者在聽到「成就員工」這四個字時，內心或多或少都會出現困擾。

他們下意識地想到，這是我一手創辦的企業，是我給了員工工作的機會，給了員工可以展示自己的舞臺，是我發薪資給員工讓他得以生存，甚至還可能財富增加，他們應該感謝我才對，如果不是我，員工怎

麼可能有今天？所以，我為什麼要犧牲自己的利益成就員工呢？

在解決領導者類似的觀念問題之前，先考慮如下方面的事實。

(1)員工是喜歡被管理還是被領導？管理，是指在組織中的管理者，透過實施計畫、組織、領導、協調、控制等職能來協調他人的活動，使別人和自己一起實現既定目標的活動過程。而領導則是指在一定條件下，指引和影響個人或組織，實現某種目標的行動過程。

在企業管理中，很多領導者都習慣教員工怎麼去培訓，教員工怎麼去做專案，教員工怎麼去做流程……領導者把大部分的精力都花費在教員工做事方面，而不是在員工成長上。這就導致員工不喜歡被「管理」。

當然，沒有人喜歡被如此「管理」，包括領導者自己也一樣。這正如同孩子少年時，父母常常給予的錯誤管教一樣。面對這些管教，孩子們最喜歡做的事情，就是叛逆。同樣，這也是很多領導者管理思維的局限錯誤，把員工「管」好、「盯」好，成了頭等大事。

相比之下，沒有人會排斥被領導。領導，不是耳提面命，不是被緊盯行為，而是影響和指導。很多孩子能夠與足球教練打成一團，卻總是和父母有隔閡。這在職場上同樣適用。

教練會說：「別急，看我這一腳是怎麼射門的，注意動作要領，再去嘗試。」

通常來說，不會有孩子拒絕這樣的指導。

但父母們總會說：「要好好學！認真做動作！」孩子們則會以敷衍了事的態度應對。

這，就是領導與「管」的區別。

那麼，領導或「管」對如何成就員工有什麼關係呢？其中的差別，是

決定員工是否會心甘情願工作的依據。為此，領導者要轉變管理思維，不能停留在傳統的管理思維和模式上，而是讓「管」昇華為領導。

(2)員工想要學有用的東西，還是有道理的東西？很顯然，員工想要學到有用的、有價值的東西。講大道理的知識，看似有用，但對他們而言，事實上沒有任何現實價值，那些心靈雞湯文、勵志書無不如此。

但是，很多領導者在管理的過程中，很喜歡對員工講道理、說大話，卻很少明確地告訴員工哪些東西是真的有用的。例如，領導者常大談特談如何賺取財富、如何投資理財、如何經營婚姻與情感、如何教育孩子、如何選擇正確的人生觀與價值觀等。但大多數情況是，在談完這些後，領導者很少繼續為員工帶來有價值的東西。相反，他們賺到錢之後，更習慣把錢抓在自己手中，自己吃喝玩樂，卻捨不得把利潤合理地分給員工。每天兢兢業業、加班不休假工作的員工沒有得到應有的回報，很容易認為自己只是企業賺錢的工具。迫於生活，一些員工選擇了接受。但是，隨著「八年級生」、「九年級生」進入職場，向員工畫大餅、灌雞湯的方法已經不適用了。領導者必須要拿出真材實料來，讓員工透過努力，能有所得。

只有這樣，才能感化他們。否則，一些迫於生活的老員工，可能還會在等更好的時機，甚至決定在企業「混」下去；年輕的員工，這些都不會在意，他們會毅然決然地選擇「裸辭」。因為在這家企業，除了僅有的一點保底收入外，他沒有獲得任何有價值的財富。

企業經營者如果只想著壓榨員工，不為員工考慮，不想成就員工，員工自然就不願意成就企業。

(3)如果一個人想要成長，是不是一定需要「出醜」？答案確實如此。但對普通人來說，想接受「出醜」，並不容易。很多員工從其校園生

涯開始，就聆聽過老師的教導，叮囑他們「有問題就問」。但很多領導者的言行，杜絕了這種可能。

員工為什麼不願意「出醜」？因為迎接自己的，有可能是領導者暴風驟雨般的批評。人的本能在於趨利避害，當他們再次遇到問題時，大多數員工會選擇自己默默地解決，或是尋求朋友、同事的幫助，而拒絕尋求領導者的幫助。

多數領導者，面對員工的錯誤時，往往都是不留情面地訓斥。更有甚者，採用體罰的方式來侮辱員工，這樣的影片近年來屢見不鮮。很多時候，我們也有可能成為類似的領導者。

領導者請常常捫心自問，你們是否允許員工出錯？是否給了他們機會成長？是否想著成就他們？如果企業不給予員工成長的平臺，不允許員工在錯誤中成長，員工也當然不會感謝企業，不會為企業「萬死不辭」。

企業的核心是管理，領導者的智慧是管理。管理不是管束、訓斥。如果員工總是感到自己在被逼迫和無視，他們就不願意為企業工作。即便工作，也是心不甘、情不願。很多企業出現問題，根源皆由此而來。當我們對這些問題有了充分的理解後，將更容易明白企業成就員工的重要性了。

◆ 2. 員工和老闆究竟是什麼關係

在企業，領導者與員工的關係無非三種。讓員工為領導者工作，讓員工為自己工作，領導者和員工一起工作。

在第一種模式下，領導者的格局很小，只看到眼前的利益，把員工當成工具。他們習慣高高在上地發號施令，要求員工必須服從。在這

模式下，員工絕不願意多做事，因為他們已經認定：付出多少，賺到多少。

在第二種模式下，領導者給予了員工一定的許可權，對其工作不做過多干擾。

實行這種模式的領導者格局大了一點，目光也放得更加長遠了。此時，員工如果有了成就，領導者也會相應獲得成就。這樣的企業氛圍中，只要沒有太大的問題，員工通常是不願意跳槽的。

第三種模式下，領導者呈現的格局很大。他不僅給予了員工的許可權，還給予了員工更大的成長空間。當企業有了進一步發展的時候，領導者願意分享利潤，為員工增加福利。在這樣的企業裡，人才總是不斷湧現，企業發展速度非常快。

這種模式，才是領導者的最高境界！在這樣的模式中，「領導者成就員工，員工成就領導者」的關係得到固定，形成了一種互惠互利的模式。可惜的是，多數企業經營者，都很難了解到這一點。潛意識裡，他們還是將企業當作「王國」，自己則是「國王」，一言九鼎、至高無上，不容任何人批評自己。

想把企業管好，就要先把員工帶好，就要有成就員工的心。想成就員工，領導者就要轉變自己的觀念，不能總想著榨取員工。而是思考如何幫助員工賺錢、如何幫助員工成長。從員工的角度出發，滿足他們的利益和夢想，員工才願意為領導者做事，才願意為企業的發展盡力。

別看我風光，是一家企業的老闆，但是你們不知道，我一天忙到晚，什麼事都需要我。企業對我來說，就是個火坑！要不是因為有收入，我真的早就不做了！

我一個人身兼數職，財務、採購、業務、企業管理全包，你說我能不累嗎？

　　這是我的一名學員曾經發出的抱怨。我相信，還有很多領導者都有這樣的心理，對工作產生了嚴重的煩躁感。之所以如此，是因為員工不操心，只有你一個人操心，員工覺得企業賺或虧，和他沒關係。

　　現在，你會對領導者要有成就員工之心有了更深一層的了解。你成就了員工，員工就會主動去做更多的工作，幫助你分擔壓力。否則，自己永遠只能疲於奔命，員工卻根本不關心企業的生死存亡。

　　有的領導者會說，這些道理我都懂，但在具體做的時候卻很難實施下去，會遇到各式各樣的問題。

　　其實，造成難以執行的原因，是因為企業還沒有建立一套「以人為本」的體系架構。領導者只是意識到應該讓員工成長，方式也只有漲薪資。這樣做，確實留住了大部分員工，但卻沒有成就他們，只是滿足了他們的物質需求。一旦企業出現問題，員工願意和企業共存亡嗎？很多領導者都不敢肯定。這是因為領導者沒有幫助員工找到為之奮鬥的目標、夢想和方向，沒有讓自己成為員工的力量源泉。

　　真正的成就，是從思維和工具兩方面對員工進行管理，而物質獎勵、薪酬激勵，只是工具方面中的一個組成層面而已。透過建立了完善的體系、理念、架構，再應用到自己的企業，去成就員工，並不斷思考如何成就，才會事半功倍。

◆ 3. 成就員工的五大好處

　　領導者成就員工，從直接結果看，員工是最大的贏家，因為他們不僅賺到了更多的錢，還憑藉企業給予的平臺進一步提升了能力，由此找

到了真正適合自己的信仰之路。但事實上，成就員工的企業，才是收益最大的贏家。

（1）成就員工，企業才能不斷發展。「21世紀最重要的是什麼？人才！」這句電影臺詞如今已成為企業經營者的至理名言。領導者成就員工，員工從素養、能力、心態上，都能得到明顯提升。這些又能反哺企業，促進企業進一步發展。

員工的素養與活力是企業發展的根本動力，企業的發展需要有一支訓練有素、擁有較強執行力的員工隊伍加以支持。這種素養和執行力，應該隨著企業的發展穩步提升。

例如，一個月前，員工的能力是1級。透過領導者的培養，一個月後，員工的能力升至1.1級。別看只是不起眼的0.1，如果將所有員工的進步匯總起來，這將是一個非常可怕的變化。所以，領導者成就員工，就是成就企業。

在企業發展過程中，領導者要有意識地不斷發展、提高員工素養，提升員工的積極性、主動性，才能在激烈的競爭中占有一席之地。

在當今知識經濟時代，市場競爭異常激烈，過去依靠壟斷某種資源、主打資訊落差的經營模式已經行不通，人才成為決定企業發展的重要因素，是企業能夠成功的關鍵。所以，越來越多的企業開始不遺餘力地改進和實施更有效的人才政策，這種態度也正被越來越多的企業所接納。成就員工，意味著幫助員工向知識型員工轉型，哪怕第一線生產人員，也要在這個過程中不斷提升自己的能力。

例如，過去，員工只會操縱傳統機器即可。今天，員工需要學會下指令給智慧機器人，需要看懂後端資料平臺，並依次進行指令的調整，這就是知識型員工的轉變。誰能帶動員工、成就員工，擁有更多的知識

型、複合型員工，誰就會在市場競爭中站穩腳跟，獲得成功。

（2）成就員工，降低企業管理成本。企業的管理成本源源不斷。今天引入一名HR主管，明天引入一套員工管理系統，後天制定員工管理手冊……在管理方面，企業注入了大量的資金和人力，但效果卻並不理想，甚至可能會產生反效果。

這是因為，領導者沒有意識到在企業經營管理中，人才是最大的成本。

許多管理支出，都是只管員工做事，沒有管員工本人。或者可以說是只管員工的行為，卻沒有管員工的思想，沒有從思想層面成就員工。員工在企業內沒有絲毫歸屬感，對待工作得過且過，寧可少做事，絕不少拿錢……這些負面行為，導致企業不得不「加強」管理。管理帶來的壓力越大，員工越感到不舒服，對待工作的態度越下滑，由此形成了惡性循環。

但是，如果領導者願意成就員工，結果就很可能截然不同。領導者願意幫助員工賺錢，願意幫助員工成長，願意在思想層面幫助員工尋找信仰。那麼，員工就會感到，這種管理是人性化的，是自己能接受，並會帶來長遠收益的。他們對待工作的熱情，將空前高漲，對待企業也將產生前所未有的歸屬感。因此，企業發展勢不可擋。

也有一些領導者認為，我正常管理員工，企業儘管不會發展得很快，但起碼能持續穩定成長吧。但事實並非如此，不能成就員工的企業，即員工幸福感很低的企業，員工的離職率、缺勤率、病假率以及意外事故率都會偏高。即使領導者可以透過不停的徵人來填補空缺，但這是治標不治本的。而且，不停地徵人，員工不斷離職，也會增加企業的成本。所以，如果領導者能成就員工，員工的幸福感就會明顯提升。隨

之而來的，是離職率、缺勤率大幅度下降，是企業業績的提升。

所以，如果想降低管理成本，從長遠來看，成就員工是最適當的方法。

(3)成就員工，增強企業的凝聚力。什麼樣的家庭最團結，最具有凝聚力？

答案毫無疑問，是幸福的家庭。我們不妨想像一下，爸爸有一份高收入的工作，雖然工作忙，但是他也會盡可能抽出時間來照顧家庭。媽媽雖然收入比不上爸爸，但清閒自由，讓她有充足的時間照顧家庭。孩子聽話，學業成績良好，遇到問題會與父母主動交流，分享學校的快樂和成長的點滴。這樣的家庭，無疑是非常幸福的，即使遇到困難，也會齊心協力共同解決。

企業同樣如此。很多領導者都對員工說過這樣一句話：「把企業當作你的家，好好做！」這句話的目的，在員工看來，無非是希望自己能更賣力地工作。但是，當員工真的把企業當成自家後，卻又會在其他場合，聽到領導者批評：「你以為企業是你家嗎？想怎麼樣就怎麼樣？」

需要員工時，員工就是家人。不需要時，員工就是陌生人。所以，員工才會對企業失望，員工之間的凝聚力不高，企業也就不可能成為幸福之家。

在企業的發展過程中，成就員工是必然的。要讓每一名員工能感到工作的環境是融洽的，同事之間才會互相幫助、互相進步。這樣，大家精誠團結，上下形成一股力量，鍛造出凝聚力，使企業在激烈的市場競爭中，立於不敗之地。

願意主動成就員工的企業，才會得到員工的認可，他們也會對企業

產生強大的忠誠度，願意主動為企業效勞。無數企業的成功都說明，員工的滿意度、幸福感提升了，就會增強員工的向心力和凝聚力。

（4）成就員工，能改善企業組織氛圍。所謂組織氛圍，是指員工在某個環境中工作時的感受，它是影響個人及團隊行為方式的標準、價值觀、期望、政策和過程的混合體。組織氛圍越好，員工對個人的期望、企業的期望就越高，越願意遵守企業的準則；反之，員工就會對企業毫無感情，根本不在乎它的未來。

組織氛圍不好的企業，往往都有這樣的現象。

早上十點走進辦公室，一片黑漆漆的，似乎沒有一個人。但仔細一看，電腦螢幕都開著，但大家面無表情地看著電腦。

晚上六點走進辦公室，赫然發現已經有一半的人不見了身影。剩下的人，有的在線上聊天，有的在嘻嘻哈哈打鬧，有的乾脆趴著睡著了。而此時，離下班還有15分鐘。六點半，整個辦公室空無一人，但沒有一個人想著關電腦、關燈，整個辦公室又透露出了詭異的氣氛。

這並不是誇張，而是一位企業經營者親口告訴我的場景。這家企業的問題，就是領導者不願意成就員工。

經過學習，領導者主動在企業內部進行調整，幫助員工成長。一年之後，他對我說，企業終於恢復了應有的狀態。

愛因斯坦（Albert Einstein）說，興趣是最好的老師。這是說一個人一旦對某事物產生了濃厚的興趣，就會主動去求知、去探索、去實踐，做事就會事半功倍。員工對工作產生了興趣，在工作中始終保持愉悅幸福的心態，這樣就會對企業產生諸多正面的影響，形成積極的組織氛圍。組織氛圍良好，員工就更有工作動力，就會主動尋求創造性的方法來解

決工作中所遇到的問題，這是相輔相成的正循環。所以，如果我們的企業出現死氣沉沉、相互推諉、毫無戰鬥力的情況，那麼領導者一定要仔細分析，其是否做到了成就員工？

（5）實現員工與企業的雙贏。雙贏，是當下社會的主題。零和賽局的思路，已越來越被拋棄，正和賽局才是社會的共識。如果企業與員工的關係是零和賽局，企業的發展，建立在剝削員工的基礎上，那麼這家企業無論取得了多大的輝煌，最終都會走向消亡。沒有來自員工的支持，企業只是一個空架子；相反，領導者成就員工，就是追求正和賽局，目標在於雙贏。

通常來說，企業與員工的目標、願景和方向並不相同，員工更在乎的是自身的收入、興趣、職業發展的目標、晉升機會和管道等。企業側重的則是確定組織未來的人員需求、安排職業階梯、評估員工的潛能、實施相關的培訓與實踐，進而建立起有效的人員配置體系和接替計畫。

表面上看，雙方願景、目標和方向不同，似乎注定了兩者的想法南轅北轍。

但是，如果領導者懂得成就員工的道理，願意幫助員工釐清願景、目標和方向，那麼二者的追求就會實現統一。

美國麻省理工院斯隆管理學院教授、著名職業生涯管理學家施恩（E. H. Schein）根據多年的研究，提出了組織發展與員工職業發展的匹配模型。在匹配模型中，施恩強調組織與員工個人之間應該積極互動，最終實現雙方利益的雙贏——組織目標的實現及員工的職業發展與成功。

在企業經營者的幫助下，員工個人的能力不斷提升，到了一定階段後，就會進入企業未來人員規畫體系。企業在評價員工潛能、尋找儲備幹部時，志向高遠、能力夠好的員工就會進入人才規畫系統。這樣一

來，員工個人的目標實現了，企業持續發展的願景也會隨之達成。這就是企業願意成就員工，與員工互惠互利的好處所在了。

要實現這一點，必不可少的是領導者要有一顆成就員工的心。擁有這一點，雙方最終都會獲利，實現雙贏。

◆ 4. 領導者如何成就員工

明確成就員工重要性，更應明確如何成就員工。

（1）幫助員工滿足需求。想成就員工，領導者首先要學會幫助員工賺錢，要學會分錢給員工。人活一世，總是被錢財困擾。吃飯要花錢，買生活用品要花錢，結婚買房要花錢，生養孩子要花錢……其實，心理學對此早已有了研究和歸納。

美國心理學家馬斯洛（Abraham Maslow）把人的需求分成了五種層次，分別是生理需求、安全需求、社交需求、尊重和自我實現。目前，大多數人都只處於追求社交需求的階段。如果領導者滿足了員工的利益需求，讓員工能順利完成這一階段，並向上攀登，達到尊重和自我實現階段，員工自然願意為領導者做事，願意為企業的發展貢獻自己的一份力量。

（2）幫助員工成長。技能的提升、眼界的提升，都可以讓員工產生新的追求。

即便領導者沒有安排，他們也會主動尋求挑戰，因為他們想要主動獲得更大的成長。在這一狀態，員工意識到，企業的目標與個人的目標完全一致，企業不僅為自己提供了賺錢平臺，更重要的是，自己還能在這裡充分實現人生價值。這種狀態下，員工將與企業真正連結在一起，這是許多職場人的夢想，相信也是很多領導者的追求！

　　當然，想實現這一狀態，依靠單純精神或物質激勵，都是不可能實現的。我們需要掌握合理的方式方法，在工作中不斷落實，才能最終實現。這裡，發揮關鍵作用的是領導者。領導者首先要迸發出正向風氣，員工才會主動學習。而當員工全力以赴爭當第一的時候，企業想不發展都難。如果領導者依然沒有意識到員工的重要性，依然不正視與員工的關係，依然認為自己才是最重要的人，那麼企業永遠不可能做大做強。

　　領導者是否有成就員工的思維，決定了企業發展的天花板。領導者要明白，企業發展的速度，取決於核心員工的成長速度。企業所有員工提升1%，那麼企業就會呈現出100%的進步。當員工在物質上、精神上、人生理念上得到滿足，獲得了無與倫比的快樂和不斷奮鬥的動力，那麼企業自然就會發展壯大，最終也將成就領導者。

02　八字箴言：以身作則，身先士卒

　　在成就員工之前，領導者要先做好這八個字：以身作則，身先士卒。這八個字看似簡單，卻蘊藏著深邃的管理智慧。

◆ 1. 為何需要「以身作則，身先士卒」

　　很多領導者為這樣的問題大惑不解，曾經與自己一起創業的老員工，為什麼就像某些夫妻一樣過不了七年之癢，最終選擇跳槽離開？

　　其實，答案並非簡單的「有人挖牆腳」。如果老員工單純為了利益而走，那麼在創業初期，尤其在創業稍有成績之時，他們就會收到其他企業拋來的橄欖枝，就會選擇離開。那時，他們已經向市場證明了自己的能力。虎視眈眈的競爭對手也不會放過這樣的人才，他們會用高薪高福

利誘惑員工，想盡辦法將其招至麾下。

　　但是，面對這樣的誘惑，老員工沒有選擇離職。是誘惑還不夠大嗎？當然不是。員工不離開的原因，是被領導者所彰顯的艱苦奮鬥、不屈不撓的精神所感動。在你的身上，員工看到了成功的希望。看著你每天為企業奔波，每天為企業奮鬥，員工也會充滿幹勁，你就是員工的力量源泉。所以，員工願意追隨你，也樂意追隨你。

　　然而，隨著企業發展到一定規模時，領導者財務自由了，員工賺的錢也多了，但老員工卻遺憾地發現，領導者的力量沒有了，鬥志沒有了。他們意識到，這是因為領導者的初心變了。

　　當初，滿懷著迷茫和希望從貧困中走出來時，賺錢就是老闆的初心，而賺到一定數額的錢之後，很多老闆都選擇放縱自己，貪圖享樂，而不是像創業初期一樣，和員工一起繼續努力，把企業做得更大更強。相比之下，優秀的員工在創業中，不斷經歷著各種專案，能力飛速提升，初心穩定不變。此消彼長，當老員工的能力上升到與領導者一樣的高度，甚至超過領導者時，再從他們的角度看領導者，就已經不再有崇拜、學習的心態。「人往高處走，水往低處流」，無論領導者開出多高的薪資，也很難將其挽留。

　　因為另一家企業的領導者，猶如當年的你，正在努力奮鬥中。他已經張開雙臂，期待你的老員工，在新的舞臺上進一步提升。這種提升，不僅只是收入，還有更高層面——精神方面的提升。按照馬斯洛的需求理論，對於個體來說，自我實現也就是精神方面的提升，是人類的終極追求。所以，新企業給予這些員工的誘惑，才是導致員工離開的重要因素。

　　領導者不僅要能力比員工強，其奮鬥意願也要比員工強，員工才會把領導者當作力量源泉，領導者才會成為員工的充電樁。這些，不只展

現為外在的感覺、狀態，而是表現在智慧維度、心胸格局、夢想引領層面，領導者都要全方位超越員工。這樣，員工才會敬畏領導者，領導者才能成為員工心中的領袖，員工才會有滿滿的力量、滿滿的鬥志。這就是領導者為什麼要「以身作則，身先士卒」的原因。

◆ 2. 怎樣做才是「以身作則，身先士卒」

想留住員工，尤其保證核心員工始終處於上升期，領導者就應該「以身作則，身先士卒」。

隨著企業的發展，領導者不必再將重點放在基礎工作上。不必事必躬親，過分熱心地去做其他具體的工作，而是應該進行轉型。例如，當他們將工作分配出去後，要做的事情是觀察專案的推進，定期走進團隊之中仔細核查數據資料，確保分配出去的工作順利達成自己預定的標準與期望。如果發現問題，立刻召開會議討論，給出精準的建議，但不過多干涉，依然由專案負責人完成。

這種引領方式，能讓員工看到，雖然企業發展起來了，業務規模變大了，但是老闆沒有懈怠，沒有做掛名老闆，依然在關注著具體專案的程序。這會讓員工感受到大家的心還是在一起的，還是往相同方向努力的。

領導者應有這樣的意識，自己的一舉一動都會在員工的眼中放大。如果你是一個懶散的人，對入職不久的新員工來說，他們會認為企業的潛力有限，會對自己的未來感到擔憂。在這種情況下，員工是為錢工作的，一旦遇到更高的薪資，更好的機會，他們會毫不猶豫地離開。而對一起走過創業最艱難時期的老員工來說，他們只會感到痛心和失望，會去選擇尋找更好的舞臺。

為了保持員工的積極性，為了讓員工為企業而工作，領導者要成為員工的表率。

每天都要挺胸抬頭，精神飽滿，鬥志盎然，和員工一起為企業的發展貢獻力量。

如果把企業比作一個人來看，領導者就是大腦，員工就是身體裡的其他器官。為了保持人體的活性，器官就需要不停地工作。與渾噩、懶散的大腦相比，充滿活力、勤奮的大腦顯然可以更好地指揮器官工作。

對員工而言，領導者的狀態是非常重要的。如果老闆想要自己的企業發展得更好，想要員工成長得更好，就要以身作則，身先士卒，由個體影響群體。無論之前我們的狀態如何，從這一刻開始，我們就要回到創業初期的狀態，以身作則，身先士卒。

如下原則，是領導者必須做到的。

（1）嚴格遵循企業制定的規定。領導者是企業的一分子，企業規定同樣需要遵守。例如不遲到早退、參與晨夕會議等，除非有特殊事件，如出差、會客等，領導者應該同樣參與其中。即便有特殊事件無法按時參加，也應該在企業內部平臺或社交軟體群組等進行說明。這樣做，目的不是彙報自己的行蹤，而是讓所有員工看到，領導者對於企業出勤制度同樣在嚴格遵守，但因為工作的緣故有時無法完全遵循。

「各位同事，因週一早上我需要飛赴國外參加一場重要的會議，所以無法參加週一早上的週會，特此向大家致歉。我雖然不在，但是會議正常進行，由×××主持會議。國外的事情忙完後我也會及時趕回公司，查閱本次會議紀錄的同時，也會與大家分享本次活動的見聞！」

這是我熟知的一名企業經營者，因出差無法參與會議時，在全公司

社交軟體群組中發出的一段內容。結果可想而知，雖然他並未參與會議，但是效果一如往常，員工並沒有因為他沒有出席而敷衍。這種領導者所表現出的態度讓員工折服和信任，所以他們能夠做到主動解決問題，成就企業。

(2)不斷進行學習。學習，是永無止境的。這種學習，不僅是為了依然在業務第一線奮鬥，而是需要保證自己的狀態，並讓員工看到自己的進步，要讓自己從各方面都領先員工，成為員工心目中的領袖。

領導者的學習，包括了管理、產業觀察、市場分析等。領導者有沒有學習，有沒有進步，員工心知肚明。尤其在重要的會議上，領導者的發言和決策都會暴露出領導者的真實水準。

來看兩則相反的案例。

① 企業召開晨會，部門經理對總裁說：「今年我們發現，市場的變化很大，尤其年輕族群流失很快。我們發現，是因為××企業的產品造成的，他們的創新和市場能見度都很強。」

聽到這樣的回答，總裁說：「什麼企業？我怎麼不知道他們？×××，你去幫我查查這家企業的相關資料。」

員工聽完，紛紛低下了頭。因為這家企業最近的崛起速度非常快，只要稍微關注產業就不會陌生。有員工在心底說：「算了，老闆都不知道，我還費什麼力氣解決問題呢？」

② 企業召開晨會，聽完各個部門的彙報後，總裁說：「大家都很出色，我由衷地感謝大家。不過需要提醒一下，雖然我們保持了較好的成長率，但市場上更新穎的產品即將出現。最近我發現一家企業，雖然規模不大，但是潛力無限，因為他們正在研發這樣一套產品。現在，我和

大家分享一下，看看有沒有什麼啟發……」

全體員工豎起耳朵，拿出筆記本開始記錄。不過幾天，部門經理就已經拿出了一套完善的應對方案。

不學習與持續學習的領導者，在工作細節中其能力差異表露無遺。想要做一個正向影響的領導者，就必須學習、學習、再學習，走在員工的前面，成為員工的領袖。否則，只能眼睜睜地看著自己和員工之間的距離越來越遠。

（3）不僅自己學，還要帶著員工一起學。領導者不僅需要學習，還要帶著員工一起去學習，這樣做才能進一步激勵員工。

我的培訓課程中，針對「鐵軍團隊」打造的課程，就要求企業經營者必須同步參加。在這個課程中，上到總裁，下到清潔阿姨，都是統一著裝，統一訓練。

有時，企業經營者問我：「能不能只讓員工去，我不參加？」對於這樣的請求，我是絕對否定的。如果領導者有其他事情無法參與，那麼就調整時間等待他們，直到他們可以共同參與時，再啟動課程。

為什麼要這樣做？這不是有意難為領導者。恰恰相反，在一些基層員工眼中，領導者被神化了，他們高高在上、遙不可及。仰視領導者，只會讓員工感到畏懼，而不是敬重。為了更好地帶著員工學習，領導者必須要放下姿態。當他們和員工穿上同樣的服裝，做著同樣的訓練，還會同樣「出醜」時，員工心中的畏懼才會淡化，距離感才會消失，轉而感到親切和敬重。

所以，領導者參與訓練，是為了讓員工們看到他們的決心與姿態。員工會相信，領導者願意與我們一起參與培訓，意味著他們也有很強的

學習動力，願意不斷提升自我，他們並沒有因為企業內部職位的不同而選擇逃避。這種「能上能下」的領導者，會更加贏得員工的尊重和愛戴，願意與之共同成長，最終將企業做大做強。

無論企業規模多大，領導者都應明白，企業的發展是上、中、下三層互相影響的。高層不動，基層、中層跑得快，即便獲得一定成果，也會被渾噩的「大腦」牽連而失敗。當然，高層跑得很快，基層、中層卻不成長，這種頭重腳輕的企業，更走不長遠。只有領導者和員工在學習中互動，在互動中學習，實現同時提升，企業的規模才會越來越大，效益才會越來越好。

為此，領導者尤其應注意避免盲目推崇學歷的現象。一些企業不顧自身發展階段，喜歡招攬高學歷人才，類似的人才取向，本身並沒有問題。因為通常而言，學歷高的人在專業能力層面都會高人一籌，是企業需要的人才。但是，如果領導者自己不學習相關的專業知識，依賴高學歷人才，對其提出的方案和建議無所適從，那麼，招來的人才也無用武之地。例如，新招募來的碩士，針對企業內部提出了企業資源規畫專案，但是領導者卻說：「做什麼資源規畫專案，我的產品都沒做，都是一個個隨便做出來了，花那麼多錢做什麼資源專案，有什麼用？以後再說吧！」

對於這樣的領導者，高學歷人才會感到更加失望。所以，領導者不要以為招募到了一個高階人才，自己就可以高枕無憂。如果跟不上人才的腳步，那麼最終不是我們淘汰人家，而是人家淘汰了我們。

領導者的學習，也應講究技巧。否則將如同那些不懂得學習規律的學生，即便每天認真聽講，認真寫作業，成績卻始終沒有進步。

徐老闆自己的學歷不高，只是高中畢業。隨著企業規模越來越大，

他感到自己已經跟不上腳步，於是決定讓自己充電。他先去了某大學的總裁班，又報名了某管理學院，沒有一刻停止學習的腳步。但後來他跟我說：「我已經不能再讀書了，因為我覺得自己書讀得越多，和下屬溝通卻越難。過去我說一句話，大家都能明白，現在員工看我都是一臉迷茫。」

徐老闆的學習態度沒有錯，但是陷入了盲目學習的境地，反而不適應企業現有的階段和層次。領導者去學習，一定要認真問自己如下問題。

我為什麼要學習？

這個課程學習結束，會為我個人帶來怎樣的變化？

這些知識，是目前我急需的嗎？它可以應用於實際管理中嗎？

是否需要多名員工一起學習，這樣才能共同進步？

……

領導者想清楚這些問題，再有所針對地學習，帶領員工一起進步，這才是真正的「以身作則，身先士卒」。

03 如何才能幫助員工賺錢

領導者要先管人再管事，人在事前。因此，管理的精髓就是「以人為本」。但這絕非單純的口號。

在企業管理體系中，管人是核心。但「管人」絕不只是管束員工，而是幫助員工，釐清對工作的態度、對當下的思考、對未來的規畫。其中最直接、最顯著目的，是讓員工能賺到錢。

　　眾所周知，賺錢是大多數職場人的第一奮鬥目標，也是許多新員工評價自身價值的重要依據。員工不僅希望能賺到錢，還希望能賺到比同行更多的錢，甚至想要拿到產業頂級的收入，實現最大的薪資利潤，這是員工在社會中賴以立足的本錢。尤其對於當下的「八年級生」、「九年級生」而言，他們面臨的競爭更加白熱化，房、車、婚姻、培養下一代……每一部分都需要資金做支撐。如果員工賺不到錢，無法解決生活中的問題，又怎麼可能全心全力地投入到工作中？

　　因此，無論是Google還是蘋果，這些企業之所以可以誕生大量產業頂級人才，一方面是因為他們的內部管理非常完善，另一方面他們給予了員工足夠的「物質尊重」。這些龍頭企業的員工薪資，無一例外都是產業頂級的。正是因為其領導者懂得如何讓員工賺錢，所以他們才願意在自己的職位上爆發最大的潛質。

　　從某種程度上來說，正是這些企業豐厚的薪水體系、年終獎金體系吸引了人才的關注。優秀的人才越多，企業的競爭力越強，產業地位也越高。產業地位越高，企業利潤越高，企業的管理能力也就越強大，員工收入也就越是提升。由此，形成正向循環。

　　想打造頂級企業，領導者就必須幫助員工賺錢。有一些領導者，只想著要廉價勞動力，但哪有要馬兒跑又不讓馬兒吃草的道理？

　　① 總經理：「我知道你跟了我五年，但是你的能力一直都沒有提升。你怎麼好意思跟我談加薪？」

　　② 總經理：「別老想著賺錢，你把本分工作做好再跟我談。我覺得你現在的薪資已經不低了。」

　　③ 總經理：「加薪？你看其他老員工還沒提出這個要求呢。等等再說吧。」

為了工作，很多員工忽視了父母，忽視了另一半，忽視了孩子。面對家人的抱怨和指責，本以為能從為之奮鬥的企業經營者這裡，獲得安慰和鼓勵，沒想到卻被潑了一盆冷水。既然領導者把我們這麼多年的付出當成理所應當的，我們為什麼還要為他奮鬥呢？慢慢地，這些員工不再主動承擔額外工作，不再加班，對企業的歸屬感也不斷降低。最終的結果就是，一旦遇到更好的機會，員工就會立刻選擇跳槽，對企業不會有任何留戀。

　　創業者成立企業的目的，是藉助群體力量創造更多利潤。員工進入企業，同樣渴望在這個平臺滿足收入提升的需求，而並非僅僅為自己尋找棲身之地，讓自己「有一份工作」。領導者和員工，從低層次來看，確實是僱傭與被僱傭的關係。

　　但想要成功，就必須形成合作雙贏的關係。領導者必須建立合作雙贏、幫助員工賺錢的思維，這樣才能將「成就員工」之心真正落實。讓員工能賺錢，賺與自己能力和付出相配的錢，最終賺更多的錢，這是成就員工的第一心態。

　　那麼，如何才能幫助員工賺錢？

◆ 1. 提高員工賺錢的能力

　　提高員工賺錢的能力，就是給員工賺更多錢的「管道」，即讓員工有機會賺到更多的錢。

　　例如，當領導者遇到新員工提出加薪要求時，應該這樣回覆：「我很理解你想要加薪的心態。但是要明白：薪資的多少，是和自己的能力相對應的。我可以承諾你加薪，但前提是你需要將能力提升到一個更高的階段。接下來一個專案，將會是你過去不曾接觸的，我希望這個專案裡你可

以突破自我。專案結束後如果你達到了要求，那麼立刻調整薪資。」

領導者做出這樣的承諾，就能激發員工的潛力，提升員工的能力。當他的工作能力越高，獲得的收入也就越高。在不少傳統產業中，由於領導者的承諾和引導不夠，員工誤以為可以用年資去提高收入，在企業工作的時間越長，收入就一定會逐漸增高。可是熬到35歲之後，他們才驚然驚醒，自己用時間累積的收入，竟然和剛畢業的人差不多。有鑑於此，領導者必須幫助員工認知到，如果想讓自己的生活更輕鬆，就不能安於現狀按部就班，而是要不停地超越和提升自己，讓個人能力配得上更高的收入。

透過能力提升，換取收入上升的方式，能大大激發員工的鬥志和熱情。但這些不能是紙上的，只要領導者做出了類似承諾，就必須執行。當員工能力得到提升，滿足約定，領導者就必須要主動對其加薪。否則，員工遲早會選擇離職，因為他們已經具有了更高的能力，得不到尊重和理想的收入，就會接受其他公司拋來的橄欖枝。

當然，承諾轉化成為執行的流程，只有落實到紙上，才能確保信服。所以，企業內部必須建立完善的薪水提升體系和員工培訓體系，用制度作保障，才會為員工帶來更多的信心。

以某科技公司為例。該公司就建立了培訓與薪水提升的兩種體系。

培訓體系方面，2007年公司學院正式成立，無論技術人才還是管理人才都可以在學院進行學習，實現能力的提升。

薪水提升體系方面，除基本薪資外，還有年度服務獎金、專案獎金等。

如果員工在專案中達到預期，就可以獲得相應的獎金，這是該公司給予員工的「雙通道」職業發展體系。能力不斷提升，並在工作中得以展現，就可以獲得更高的收入，既滿足了對財富的追求，又在這一過程中

實現了員工對精神價值、專業價值的追求。這樣，人才自然不會流失，企業的發展也能走上快車道。

　　總之，企業想要留住員工，最基本的方式就是提高員工的能力，再用能力賺取更多金錢。當員工確信這一點，他們就會為企業奮鬥終生。

◆ 2. 學會合理分錢

　　除了幫助員工提升賺錢的能力，領導者還要學會合理分錢。某種程度上，甚至比第一點更加重要。尤其對上升期的企業而言，不懂合理分錢，只會讓該賺錢的員工沒賺到錢，不該賺錢的員工反而盆滿缽滿。這種不公平的分配方式，將會導致企業管理系統崩潰，人才大量流失。

　　有人曾說過：「分錢是企業最難的事。」也有人說，分錢分不好，企業容易倒。那麼，領導者為什麼要學會分錢？在回答這個問題之前，大家不妨仔細思考一下，錢是誰賺的？很明顯，領導者確實在企業發展的大方向上發揮了引領作用，但真正落實計畫的卻是員工。所以，領導者必須要學會分錢。

　　分錢展現著企業經營者的意志，要確保盡可能地公平合理，使絕大多數的員工保持積極性，以發揮薪酬的持續激勵作用。當然，分錢並不容易，其中有很大學問，受到很多因素影響。很多領導者在分錢時，忽視「相對」兩個字，變成追求「絕對」公平，甚至變成按資排輩，這對許多員工的積極性，都造成了很大傷害。

　　我曾遇到過這樣一位企業經營者。他說，原本企業春節後有一個大型專案急待上線，誰知開春後的第一個月，他陸續接到了9名員工的離職信，這其中不乏核心人才。多數離職員工沒有多說什麼，只是一名員工明確表示：「去年連續3個大專案都是我部門完成的，但是年終獎金和

其他部門沒有差別。下面的員工都非常不滿，我的壓力也很大。這種工作模式我實在沒法堅持下去了。」

領導者說：「我理解你的想法。但是畢竟你們是一個新部門，我需要平衡，要不然其他組的老員工肯定會不滿的。」

這位部門負責人沒有多說什麼，卻在一週後離開了職位。

類似這樣的案例，相信許多領導者都不陌生。這就是不懂得合理分錢而造成的人才流失。在分錢問題上，為了兼顧效率和公平，企業必須實行「按勞分配為主體、多種分配方式並存」的分配方案。

為此，我們制定了效果良好的分配模式，其結構如圖2-1所示。

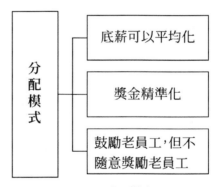

圖 2-1　分配模式

（1）底薪可以平均化。底薪相對公平合理，是指每一名進入企業的員工都可以得到收入保障。這至少能滿足員工基本的衣食住行。對相同的職位，底薪構成還可以適當引入年資加給，為老員工帶來保障。但是，底薪的差異不能過大，通常而言，在沒有出現任何違背企業規定的情況下，最高底薪者與最低底薪者之間的差異不能超過5%。

（2）獎金精準化，建立分部門的獨立核算機制。企業應建立獨立的核算機制，精準核算每個部門、每一名員工的價值，讓員工清楚知道自己

每週、每天、每時、每分產生的附加價值，以正確評估自己在企業中的價值。每個月的核算報表，應以部門為單位進行發放，讓每個員工了解到自身的價值。根據實際貢獻，員工獲得相應的獎勵，讓優秀的員工獲得更多的收入和精神獎勵，讓落後的員工產生壓力不斷提升自身能力，這樣才能科學分配，合理賦值增薪，實現企業與員工雙贏。

領導者應注意，對於獎金的分配，要完全剔除資歷論，必須嚴格按照附加價值進行核算，也要剔除其他主觀因素。這樣獎金的分配才能讓人信服，讓員工真正賺錢。

(3)領導者可以鼓勵老員工，但不隨意獎勵老員工。部分領導者之所以喜歡選擇平均分配，或是向老員工傾斜，是因為老員工曾為企業做出重大的貢獻，且具有較高的影響力。領導者擔心，如果一味只按照目前貢獻值進行獎金分配，會引發老員工的不滿，造成企業內部動盪。

這樣的想法雖有道理，但是我們不應由此改變員工合理的分配體系，不能動搖分配中主要參考因素。對於老員工，最好的方法是鼓勵，而不是無原則地獎勵。

例如，企業可以設定「服務獎」，以年資為分級，包括五年服務獎、十年服務獎。這類獎品價格不能過高，更側重精神層面的獎勵。這樣一來，老員工既會獲得榮譽感，又不至於與貢獻值更高的員工產生矛盾，從而皆大歡喜。

當然，如果老員工的能力確實還在提升，也對企業的持續發展貢獻力量，那麼也應該獲得相應的金錢獎勵。

透過合理的分配模式，為員工合理分錢，讓員工感受到企業的重視和對自己的肯定。這將大大增強員工對企業的歸屬感，讓他們能努力發揮自身才能，為企業發展更加盡心盡力。

平均分配、唯資歷論的分配模式，是最低階的分配模式。只有按勞動力分配，各種分配並存，才最滿足企業員工的需求。如果領導者不懂得分錢的技巧，那麼也注定不會得到員工100%的工作狀態。資歷不是不能作為收入高低的依據，但它只是一個參考指標而非決定指標。

「只有學會合理分錢，領導者才能賺到更多財富。」這句話，應該成為所有領導者的座右銘。

04　如何才能幫助員工成長

滿足了員工賺錢的需求，只是成就員工的第一步。在此基礎上，領導者要進入關鍵階段，即幫助員工成長。這將涉及精神方面的成就。多數情況下，精神方面成就的效果，要高於單純的賺錢，尤其對於剛進入企業、工作年資較短的年輕員工。

年輕員工，朝氣蓬勃，對職場有著非常美好的憧憬。他們渴望透過自己的勞動獲取報酬，也希望透過工作檢驗自己數十年學習的成果，並在不斷的實踐中豐富、強大自己。對很多年輕員工來說，薪資已不是衡量工作價值的最重要標準了，他們更看重職業的未來發展。

領導者想贏得年輕員工的心，就要讓他們在工作中有所得，有所成長。只有幫助員工成長，才能贏得他們的感激和尊重，員工才願意幫助企業做大做強。那麼，領導者應如何才能幫助員工成長呢？

◆ 1. 領導者自己首先要成長

想要員工成長，領導者首先要自我成長。領導者在不斷學習、不斷提升自我的過程中，再帶領員工成長。

　　例如，領導者參加培訓課程時，如果發現企業員工也適合這樣的課程，就應邀請他一同參與。在此之前，領導者要引導員工了解培訓目的。培訓之後，也要督促員工把學到的內容進行轉化。

　　實踐中，很多領導者對此卻未曾注意。他們認為，只要企業的掌舵人知道前進的方向就可以了，其他人完全可以聽令行事。然而，聽令行事也是具有門檻的，員工起碼要能對領導者的指示聽得懂、吃得透。否則，很容易會出現「三人成虎」的誤傳情況，即一件事的本意經過層層傳遞，被篡改得面目全非。

　　領導者帶著員工一起學習具有很多好處，如圖2-2所示。

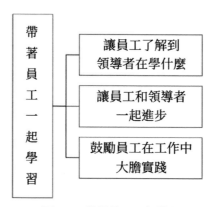

圖 2-2　帶著員工一起學習

　　(1)讓員工了解到領導者在學什麼。不少領導者在培訓結束後，感到收穫良多、心潮澎湃，回到企業與員工交流，員工卻一臉茫然。看到員工的反應，領導者會感覺自己是在對牛彈琴。出現類似情況，歸根結柢就是因為員工沒有接觸老闆學習的知識，無法理解老闆提出的新理念、新方案，雙方的思想和行為不在同一個層面。所以，領導者帶著關鍵員工去學習，能讓他們和自己保持同樣的頻率，在思維和行動上保持一致。這樣，領導者與員工交流更高效率，而不至於出現資訊無法交流的情況。

同樣，企業為員工報名參加的培訓，領導者也可以與他們一起參與，也便於建立雙方的同頻思維。當領導者和員工的思維同在一個頻率上，做事自然事半功倍。

（2）讓員工和領導者一起進步。一位好的領導者對企業的發展至關重要，可是如果你的員工水準都很差呢？現實中，很多企業也會出現這種情況，領導者參加了很多培訓，努力學習和成長，員工們卻不以為然，私下裡還會挖苦說：「老闆就是錢多了，去上那些沒用的課程！」

員工產生這樣的想法，完全表示領導者學到的內容，沒有被員工理解。所以，帶著與課程相關的員工一起培訓，會讓他們理解課程的意義，理解領導者的良苦用心。更何況，一個人的努力很難成功，只有整個企業的人共同努力，才可以更快地摘取勝利果實。

如果領導者不方便直接帶員工參加培訓課程，應在回到企業後，進行相關課程的再講解，由領導者本人做講師。溫故而知新，在為員工講解的時候，進一步加深了領導者對培訓課程的理解。這樣一來，領導者每次接受的培訓內容不僅自己受用，還可以有效傳達給員工，使員工跟隨著領導者的步伐一起進步，一起成長。這個模式即「轉訓」，將自己學到的內容，透過轉達的方式對員工進行培訓。

同時，領導者願意主動分享培訓課程，也會讓員工感動。雖然企業發展起來了，領導者賺到錢了，可是領導者還願意幫助員工更上一層樓。這樣樂於分享，帶領大家一起學習，一起提升的精神，會讓員工對領導者更加尊敬，對企業更加忠誠。

（3）鼓勵員工在工作中大膽實踐。領導者不要以為學習了，員工就成長了。學習之後，還要實踐。實踐是檢驗真理的唯一標準。學到的知識是否有用，要怎麼用，這都需要員工把知識落實在工作中。只有行動起

來，才能實現能力的提升，行動就是實現成長的關鍵。

日常工作中，領導者要鼓勵員工對學到的知識大膽應用。無論直接帶員工參加培訓學到的知識，還是透過轉訓傳達的知識，都要在工作中落實。即便員工的經驗有限，運用起來可能存在一定風險，也要讓他們勇於嘗試。在員工的實踐過程中，為避免因為其不熟悉而造成的風險，領導者要全程進行參與、指導和合作，幫助員工在相關過程中，真正發揮和掌握實踐能力。

當專案結束後，領導者應親自參與員工的分享總結會，對過程中新技巧的使用、存在的不足、有創新的亮點進行討論、分析。

經過如此流程，員工的個人能力就會得到明顯提升，他們的自信心、對工作的態度都將達到新的高度。在良性循環下，員工的精神層面會得到很大滿足，對企業、對領導者的忠誠也會與日俱增。

幫助員工成長，不僅能讓新員工對企業產生強烈的歸屬感，還會讓老員工產生新的熱情。老員工之所以隨著年資的增加變得越來越「懶惰」，相當程度上是因為他們已經無法獲得進步的空間，只是依靠其經驗優勢，在企業內生存。如果領導者願意在自己成長的同時，帶領員工一起學習，一起成長，就可以為這些老員工注入新的力量，讓企業煥發新的生機和活力。

幫助員工成長，要在自身得到成長的基礎上進行。領導者才是企業自始至終的支柱。先實現自我成長，這不僅可以使領導者更好地掌握企業的發展方向，也會讓能力優秀的員工始終對領導者保持敬畏。

◆ 2. 帶員工一起學習

讀萬卷書，不如行萬里路。只是紙上談兵，對員工的發展不會有很大的幫助。此時，領導者要做的，就是帶員工出來走一走，見一見世面。能做到這步的領導者，就很可能成長為教練型領導者。

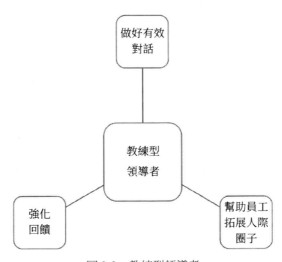

圖 2-3　教練型領導者

教練型領導者不會像那些溺愛孩子的家長一樣，將每件事都規劃好，然後讓員工去做，而是讓員工自己去學怎麼做。在教練型領導者的指導下，員工能更獨立自主地解決問題，比教一步走一步的員工擁有更高的創造力。成為教練，才是企業經營者的目標。

如何成為教練型領導者？不妨從這三個角度入手。

(1) 做好有效對話。你可以是較為內斂的領導者，但不能是完全不懂說話的領導者。

所謂「懂說話」，就是可以與員工進行有效對話。很多時候，領導者在和員工交流時，很容易出現牛頭不對馬嘴的情況，難以達成一場有效

對話。所謂有效對話，就是明確談話的問題內容，告知想達成的結果，以及說清楚具體的談話流程。

但是，想要做到這點並不容易。

某日，小陳找到經理，說：「經理，我希望能在高層長官面前有更多露臉的機會，希望您能幫我。」

經理說：「好的，小陳，你有這樣的想法表示你很有上進心！我會滿足你這個請求的，如果有機會，我就多安排你在長官面前露臉！」

經理是這樣說的，也是這樣做的，隨後一段時間，只要有機會他就會讓小陳參與企業露臉的活動。然而幾個月後，小陳突然對老闆表示，自己想要辭職。

經理非常困惑，因為自己明明滿足了小陳的請求，給予其幫助。但小陳卻提出了離職。其實，經理沒有理解員工的真實想法，不明白員工提出這樣請求的真實目的，這場對話並非有效的。換言之，只是基於錯誤的判斷，經理才做出了錯誤的決策。

回歸案例，同樣的請求下，更換交流內容，就能形成有效溝通。

經理問：「你想讓其他高層也看到你，那麼具體需要我幫助你什麼？」

小陳：「我想多在會議中發言，突出我們的成績，我也希望您能夠幫我多說好話。」

經理問：「為什麼有這樣的想法？那如果我協助你完成了這些事情，你最終的目的是什麼？」

小陳說：「我就是想讓其他高層看到我的能力。我渴望到我們國外分部去鍛鍊自己，想在新的環境裡挑戰自我。目前我的工作很單一，我完全可以勝任，已經不具挑戰性了。」

此時，經理才真正了解到小陳的目的。這才是有效的對話。

領導者要透過有效的對話了解員工的想法，這樣才能有的放矢地為他提供新的舞臺，讓他有更多的機會成長。有效的溝通是成為教練型領導者的第一步。

(2)強化回饋。領導者不要用含糊的語言與員工交流，應該盡可能地用正面的語言激勵，而不是負面的語言批評；應盡可能給出建設性建議，而不是泛泛而談、陳詞濫調的誇獎。

馬總的企業有一個名叫丁某的年輕人，他的能力很強，但就是有個小問題：

總喜歡遲到。馬總了解到，丁某的家離企業不遠，遲到只是一種不好的小習慣罷了。但是，丁某遲到的頻率卻很高，每週總會有三天遲到10分鐘以上。

有一次，馬總對丁某說：「不能總是遲到，否則其他同事會有意見的。每天八點前，你必須到公司！」

丁某答應得爽快，但是到了第二週，他還是遲到了兩次。到了週會時，所有員工都以為老闆會大發雷霆。誰知老闆卻笑著對丁某說：「我注意到你這週在準時上班方面有了不小的進步，這週有三天你都做到了準時上班，那下一週我們挑戰一下，五天都準時上班，你看怎麼樣？」

丁某也沒想到老闆居然這樣說，他有些不好意思地笑了。從這以後，丁某沒有再出現過遲到的情況。

馬總的這種做法，很多人並不理解。員工已經是成年人，有必要使用這種方法嗎？況且員工有錯在先，即便公開批評，也沒有問題。

領導者言辭犀利地批評員工，當然可以，並且也有可能獲得效果，

但我們不應忘記，批評不是目的，解決問題才是目的。幫助員工進步和成長，才是領導者的出發點。為達成目標，正面回饋的效果會比負面回饋好很多。

當然，正面溫和式的建議，僅限使用兩次以內。如果員工依然沒有改進，那麼我們就需要請這樣的人離開企業，因為他已經不再適合企業的需求。根據「進入、適合、離開」的理念，如果員工依然無法實現自我成長，那麼就需要果斷地讓其離開，避免影響到原本積極的企業氛圍，給其他員工帶來負面的榜樣。

(3) 幫助員工開闊眼界。想幫助員工成長，就要利用日常的企業活動，帶員工共同學習。只要場合適合，領導者就可以帶員工，共同參與活動，如聚會、產業高峰論壇等。如果有必要，領導者還應積極將員工介紹給其他人，讓他們有機會接觸到真正的產業菁英。

在這樣的場合裡，員工不一定有多少發言權。但透過接觸高階人士的場合，員工們可以接觸到不同領域的菁英人才。傾聽各行各業人才的發言，使得這些員工受益匪淺。對帶領他們來到這種場合的領導者，他們也會打從心底裡感激其給予的寶貴機會，從而對企業的發展更加上心，願意傾盡所學推動企業的發展。

在《三國演義》中，劉備就有這般智慧。劉備起家初期，他並沒有多少資源，唯一的資源就是將關、張二人帶在身邊，讓他們見大世面，這才有了關羽「溫酒斬華雄」的機會。關羽一戰成名，從此威震華夏，逐漸成為劉備最重要、最信任的左膀右臂，劉備也收穫了勇猛的大將。

今天，商業競爭不亞於戰場，透過活動，員工學到別家企業所長，讓自家企業也有了超越別人的實力，這和關羽「溫酒斬華雄」，是一樣的道理。

開闊員工的眼界，就是在拓展企業。這對於員工的成長非常重要，對於企業的發展也很重要。

如果領導者能做到先自己成長，再帶著員工出來一起學習，從而幫助員工成長。那麼，員工給予領導者的回報，就會如同「春種一粒粟，秋收萬顆子」。要想成就員工，在幫助員工賺錢之後，領導者更應幫助員工成長。

05　如何才能幫助員工找到信仰之路

信仰，是精神世界中最高層次的內容，是人生的價值的所在。

領導者有信仰，所以才會創立企業。企業有信仰，所以它才能朝著既定方向不斷前行。而企業的發展，又由員工決定。換言之，員工信仰的高低，決定了企業是否能達到最終目標。

與直接的收入、成長相比，信仰以一種相對抽象的形態存在，但它卻無處不在。當員工對職業規畫、人生規畫充滿信仰，他們在工作中的狀態就會變得更加積極；反之，如果員工沒有正確的信仰，短期來說，儘管不會對企業產生負面影響，但從長期上來看，企業的業績是會逐漸下滑的。

所以，領導者想要成就員工，最重要的一步就是幫助員工找到信仰之路。

◆ 1. 企業文化就是領導者文化

信仰是指讓員工為之奮鬥的目標、夢想和方向。那麼，領導者應怎麼幫助員工樹立奮鬥目標、夢想和方向呢？在培訓課上，常有企業老闆

問相關問題。

「我該如何建立正向的企業文化，如何幫助員工找到信仰？」

信仰很複雜，因為它不是具象的表達，無論怎樣的形容都不夠精準。但是信仰其實又很簡單：領導者的信仰就是企業的信仰！

我們總在說企業需要建立文化。這個文化源自於哪裡？其實就源自於創始人，源自於領導者本人。

企業文化是什麼？就是企業自主形成的一套屬於自己的行為方式、思考模式。不同的企業有不同的文化基因，這些文化發展到最後，呈現出非常複雜的特點，但是它的原點，無一例外來自領導者本人。

蘋果的產品之所以以美學、設計著稱，就在於賈伯斯有一套獨特的美學理念，它奠定了蘋果的基調，文化以此進行發散。

Google創始人賴利‧佩吉（Larry Page）與謝爾蓋‧布林（Sergey Brin）天生就是閒不住的人，年輕之時就有著無限的網際網路創意，所以由他們建立的企業，自然更加推崇「開創性」，Google由此不斷開發出Google眼鏡、自動駕駛汽車。

企業的決策體系、人文關懷、團隊活動，這些最基礎的表現形式都是領導者最終決定才能實施的。隨著企業的發展，企業的運轉模式發生了變化，呈現出更龐大和複雜的體系，但是整個文化的根基，就源自於領導者本人。所以，企業文化就是領導者文化，領導者的信仰就是企業的信仰。

但是，領導者的信仰對企業文化的影響，又不是從一而終的，而是在不斷發展、變化的。文化本身就是企業在長期發展過程中，由全體員工累積而成的一種共同的習慣、方式、想法、理念，隨著員工團隊成長

擴大，企業文化也會發生變化。

在企業創立初期階段，企業文化模式完全由領導者主導，所以呈現出了與其創業動機一致的狀態，即信奉「先活下來」，盡可能多盈利。隨著逐漸站穩腳跟，領導者內心的狀態散發並影響著其他員工，如謙遜、誠信，此時，企業文化也呈現出類似的風格。

在此過程中，已經與領導者同步的員工，也會將自己的信仰特點融入企業文化，對之加以充實，使之呈現出多元化發展。此時，集體的信仰已不只是盈利，還傾向於幫助更多的員工找到價值感。這種由領導者為起點而開展的文化累積、信仰提升，最終將建構出企業的文化生態與信仰目標。

從反面來想，如果領導者每天得過且過，在企業內部奉行「鬆散」模式，那麼這家企業自始至終都很難建立明確的企業文化。員工將想到哪裡做到哪裡，想怎麼做就怎麼做，沒有標準、沒有規矩、沒有方法。這樣的企業，自然沒有信仰，更無法幫助員工找到信仰。

在建立企業文化和信仰之前，我們首先要確定領導者的文化和信仰是否正確。即便領導者已做到這點，他在各方面的能力素養、工作狀態要優於員工，成為員工心目中的領袖，這樣才能把文化和信仰落實下去。

縱觀一些傑出企業，它們能長久發展，就是因為從0到1之間，邁出了正確的步伐。這一步伐，恰是因為領導者正確、積極的信仰為企業發展定下了基調。

很多領導者都認為，一名不稱職的中層管理者，會攪亂整個企業的氛圍和格局。但事實上，如果領導者有充足的信仰，就能敏銳發現問題、及時糾正問題，又怎麼可能任其繼續如此發展下去？在一個企業

裡，能量最大的人就是控制資源最多的那個人，正常情況下，就是領導者。而除此以外，沒有任何一個人可以始終控制企業的運轉，對員工產生影響力。

一個企業，沒有高度就沒有未來。這個高度是誰決定的？不是基層員工，也不是中層管理團隊，而是領導者本人。企業的高度，反映的就是領導者信仰力量的大小。你為什麼去打拚、奮鬥，為什麼成就員工？就是緣於提升企業高度這一目標。

企業文化源於領導者，領導者必須「以身作則，身先士卒」，帶著一顆成就員工的心去奮鬥。當領導者建立這樣的信仰，就意味著企業擁有了更多的成長空間。

那些總愛問「我該怎樣建立企業文化」的領導者，應先審視自己，看看是否建立了崇高的信仰，且可以為此不斷付出努力。當領導者有了自我成長方向，企業才會有了未來的目標。

例如，領導者想要建立守時的企業文化，那麼首先自己就不能遲到，還要強力約束員工的遲到行為。再如，領導者想要建立互幫互助的文化，那麼就要學會主動幫助別人，且不能厚此薄彼，避免形成小圈圈文化。只有領導者親身推動，以身作則，企業的員工才能受到感染和影響。

企業的文化不斷豐富，信仰也就慢慢地在員工心中扎根。每個員工習慣成自然，最後就形成了一套固定的行為方式，即企業文化。

所以，領導者不要以為文化是喊出來的，每天聚集員工喊幾句口號，就可以傳播和建構文化。這個過程需要不斷的投入能量，尤其是領導者本人——你做到了哪一步，你的企業就有怎樣的文化和信仰。

◆ 2. 幫助員工釐清願景、使命和價值觀

當代社會，科技發展日新月異。很多人對未來感到迷茫，無所適從。表現在工作上，就是員工不知道自己的工作目標。此時，領導者需要做的，就是幫助員工釐清願景、使命和價值觀，進而幫助其確定在企業工作的意義、目標和未來的方向。

在明確信仰的基礎上，我們該如何去幫助員工呢？

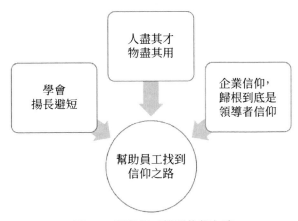

圖 2-4　幫助員工找到信仰之路

（1）幫員工釐清願景。願景是內心的渴望，是腦中的圖畫，是內在的驅動力。有了願景，人就願意實踐、追求。釐清願景，也就是幫助員工釐清在企業工作的意義。

員工為什麼要工作？是因為要賺錢，要養家餬口。但是在初步實現這個目標後，員工就應致力於自我價值的實現。所以，領導者要確定員工目前所處的階段，才能對症下藥，幫助員工釐清願景，確定工作的意義。例如，幫助他們規劃未來的職業發展，引導他們看見自身在企業中還能承擔何種更重要的角色，向他們描述未來的企業營運藍圖等。

(2)幫助員工確立使命。使命是企業生產經營的哲學定位，也就是經營的理念。企業確定的使命，為企業確立了基本的經營指導思想、原則、方向，最終形成企業哲學，同樣包括了員工應努力完成的共同目標。所以，領導者幫助員工釐清使命，也就是幫助員工釐清各自的工作目標。

為此，領導者要首先確定目標的定義，目標是想到達的境地和標準。通俗地說，目標就是一開始想得到的東西，就是夢想和初心。

夢想和初心，不應該用錢來衡量。有些企業經營者在創業之初，初心只有賺錢。但等賺到錢之後，很多人的初心就蕩然無存。企業經營者尚且如此，員工缺乏長期使命感，也就並不奇怪了。

因此，領導者有必要幫助員工確立目標，並堅定不移地為之努力，不可輕言放棄，也不可被混亂所影響。

在確立目標之前，應該遵循以下兩個原則。

① 目標必須現實、可行。在實際工作中，這一點往往被忽視了。很多人都認為「目標越大越好」，但當能力和目標不相配的時候，目標過大反而會對員工帶來極大的壓力，也會影響企業的發展。

例如，一些不甘於現狀的員工，在工作中獲得成果後，會想要利用企業給予的業績，跳槽到產業大廠企業。他們並未意識到自己的時機價值，憑藉小小的成績就沾沾自喜，妄圖跳到與之能力不相配的平臺，這不是目標，而是不切實際的幻想。

但是，也有一步一個腳印、腳踏實地的員工。他們會先確立目標，然後將之分解成幾個小目標，再不斷進取。例如，一名業務人員即便想要跳槽，也知道要先成為年度業績冠軍，為此，他就需要先保證自己每個月業績第一。這樣，他才能達成目標。

所以，領導者要幫助員工釐清的，應該是現實的、可行的目標，而不是不切實際的空想。

② 員工確立的目標要與企業緊密相關。而當員工願意和企業的目標保持一致後，才能進行下一步的成長。

(3)幫助員工樹立正確的價值觀。價值觀是基於一定思維基礎之上做出的認知、理解、判斷或抉擇，也就是人認定事物、判別是非的價值取向。所以，價值觀決定著人的行為方向。價值觀是後天形成的，接觸的人不同，學習到的東西不同，所處的環境不同，都會導致不同的人產生不同的價值觀。

為了確定企業發展的方向，為了企業長久的發展，領導者必須要求員工樹立正確的價值觀，以此統一員工發展的方向。

可以在企業內推廣如下這些行動，加強員工對於信仰的認同與遵守。

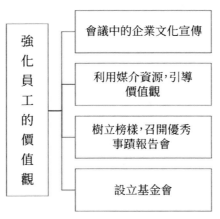

圖 2-5　強化員工的價值觀

① 會議中的企業文化宣傳。企業在晨夕會的文化宣傳部分，要引導員工大聲背誦企業文化、唱企業主題曲。這樣，可以加深員工印象，

在潛移默化中引導員工向同一個方向發展。上學時，我們每天都要做早操、早自習晨讀，是為了培養良好的習慣，然後習慣成自然。在企業內推行這樣的習慣，員工也會不由自主地按照規範進行工作。

②　利用媒介資源，引導價值觀。如果企業有自己的刊物、官方帳號等，要及時更新關於企業文化、企業信仰方面的內容。可以分享一些幽默的小故事，在故事裡傳遞企業的價值觀。

③　樹立榜樣，召開優秀事蹟報告會。領導者要注意觀察員工的工作，一旦發現員工對企業做出了貢獻，就應及時進行表揚。或者舉辦優秀員工獎勵活動，對符合條件的員工進行統一選拔。透過評選之後，要頒發相關的榮譽，還要設立榮譽榜進行展示，讓大家以此為榮。

④　設立基金會。如果企業條件允許，可以在內部設定基金會。例如，企業推崇孝順的理念，那麼就可以設立孝順基金會。當員工家庭的父母出現問題時，基金會將會主動對員工進行協助。對於基金會的運作、基金的具體應用，也應不斷宣傳，加強員工的理解。

經過這些措施，員工就可以樹立正確的價值觀，確立發展的方向了。

第三章　選人有術：
打造最強團隊，先挑選核心黃金班底

在企業經營管理過程中，人才是最大的成本。人是企業賴以生存的根本，是一個企業的核心。所以，企業要想發展，首先要選擇合適的員工作為實力班底。

俗話說得好，鐵打的營盤流水的兵。只有第一批員工選好了，營盤打好了，那麼，無論「兵」是走是留，都不會對營盤造成大的影響。憑藉營盤一樣鐵的團隊，企業才能在激烈的市場競爭中獲得一席之地，才能不斷地發展壯大。

01　再強大的企業，都需要一支忠心的軍隊

企業在發展的過程中，總會遇到各種問題和矛盾。如果上下不齊心，沒有共同的奮鬥目標和願景，團隊就不堅定，企業的發展也將陷入困境。因此，打造一支有紀律的軍隊非常重要，這關乎企業的生死存亡。許多企業都意識到打造軍隊的重要性，也在為打造軍隊而努力奮鬥。但是，由於缺乏專業知識，沒有挑選到適當的人選，或者沒有將合適的人放在合適的位置，很容易以失敗而告終。當然，也不乏成功案例。

總結優秀企業成功的原因，歸根結柢是團隊的力量，源於創始人的思維，興於企業獨特的文化屬性，壯於團隊的驍勇善戰。那些讓我們敬仰、欽佩的企業，無一例外都有共同的基因：死忠軍隊。有人卻不以為

然，認為企業只要擁有足夠多的員工，就可以由數量提升到品質。但是，數量的累積並不必然為企業創造軍隊，不合適的員工越多，企業就越難在商場上取得成功。這需要領導者擦亮眼睛，挑選出合適的人，並能付出時間和精力成就他們，讓他們成為真正的助力者。此外，還有領導者擔心竹籃打水一場空，辛辛苦苦培養的人才，最終為別人做了嫁衣。但縱觀知名的團隊，他們也會有員工離職的情況，且不在少數。但是，最核心的成員始終非常穩定，並呈現不斷擴大的趨勢。

反觀一些小企業，把管理的重點放在管事上面，認為員工無關緊要，對員工漠不關心。這樣的企業，員工就是一盤散沙。沒有強而有力的軍隊支撐，稍遇挫折，就會不堪一擊。

綜上所述，企業必須要擁有一支死忠軍隊。

◆ 1. 企業利益和立場忠實捍衛者

死忠軍隊之所以稱為「死忠軍隊」，首先就在於他們有立場的堅定。這裡的「堅定立場」，不僅只是簡單遵守，而是以「主角」的意識把團隊紀律高高舉過頭頂。

例如，企業內設定了完善的管理條例，明確說明了各種獎懲規則。但是身為企業某重要部門的主任，自己卻無法做好這一點，常無故遲到早退，在辦公室裡玩線上遊戲等。主任對企業規章制度都無所謂，那麼上行下效，下面的員工也會不屑遵守。這個部門的主任與企業的立場不一致，對領導者不忠誠。自然，也不會建立一支死忠軍隊。

這也導致了很多企業領導者的抱怨：「我開給核心人員的薪資那麼高，可是為什麼還是留不住人才？即便留下來也不願意好好工作，這讓我很頭痛！」

所以，企業需要一支死忠軍隊。即便員工的能力還未能達到產業領先地位，但是至少要在態度上呈現出與領導者的利益和立場一致，對領導者的決策嚴格遵從。

當企業的核心團隊與領導者立場一致，能牢牢守護企業的利益時，徇私舞弊、貪汙受賄的行為就會大大減少，企業也就可以樹立正向的風氣。這是企業發展的起點。

死忠軍隊具有強大的影響力，也有著踏實工作、不越紅線的堅定態度，能在規範的紀律生活中不斷成長。這樣，才能感染普通員工，共同遵守企業的規章制度，維護企業的利益和立場。

◆ 2. 企業發展中最重要的推動者與力量

捍衛企業的利益與立場，是死忠軍隊的基礎價值。在此之上，他們還是企業發展最重要的推動力量。

我培訓過很多企業，往往都存在這樣的現象，即企業內部組織結構貌似完善，但具體到每一個部門時，卻又較為平淡，很難找到某個業績極其突出的部門。企業按部就班地發展，緩慢的成長速度，導致企業落後於競爭對手。由於缺乏死忠軍隊，造成成長動力的不足，久而久之，企業的核心競爭力越來越低。企業越大，這種情況就越明顯。

企業必須擁有一支死忠軍隊，它可以是一個部門，可以是一個特別小組。無論具體形式如何，企業都應該有一個能力、決心、忠誠度明顯優於其他部門表現的團隊，他們不斷創造新價值，突破既有水準邊界，這樣才能帶動整個企業的戰鬥熱情，不斷推動企業的進步。

◆ 3. 員工的職業終極成功目標

　　領導者成就員工，需要幫助員工找到信仰之路。而死忠軍隊，也正是員工的職業終極成功目標。

　　一支死忠軍隊，往往因這些特徵，而成為員工努力的目標。

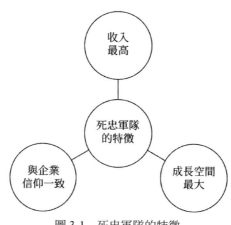

圖 3-1　死忠軍隊的特徵

　　(1)收入最高。企業中，同樣的職位，大都有著相同的基礎薪資標準，但死忠軍隊的執行力更強、業績更高，所以他們享受的福利、獎金也更加豐富。為此，其他員工就有了奮鬥的決心，以進入黃金班底為榮。

　　(2)成長空間最大。死忠軍隊的忠誠及能力水準，決定了他們有機會獲得更豐富的實踐、更深入的培訓，形成更遠大的成長計畫。例如，參與產業高峰論壇、結識業界頂級菁英等。唯有如此，才能保證死忠軍隊的穩定戰鬥力。而其他員工也願意為加入死忠軍隊而努力，獲得更廣闊的成長空間。

　　(3)與企業立場一致。死忠軍隊員工要與企業立場一致，要意識到，個人的成長建立在企業進步的基礎上，企業的進步依託個人成長能量而

發展壯大，二者相輔相成，相互促進。在這種狀態下，即使企業面臨困難，死忠軍隊員工也不會大難臨頭各自飛，而是與企業堅定地站在一起，共同奮鬥，甚至會拿出個人積蓄助企業度過難關。

◆ 4. 企業創始人的核心支持者

《大學》曰：「有德此有人，有人此有土，有土此有財，有財此有用。德者本也，財者末也。」意思就是，君子應該首先注重德行。君主有德行才有人擁護，有人擁護才會有國土，有國土才會有財富，有財富才能供使用。德行是根本，財富是末事。

想建立一支死忠軍隊，企業領導者要有德行。簡單來說，就是狀態要好，格局要大，思維要活躍，服務意識要好。只有領導者以身作則，身先士卒，員工才會信任領導者，才會將領導者當作領袖。而死忠軍隊，就是領導者最忠誠的核心支持者。他們會完美地完成領導者布達的任務，並根據經驗提出合理的建議，而不是單純的「愚忠」或是毫無理由的回絕。從這一點上來說，領導者要塑造好自身的形象，才能讓企業內部擁有誕生死忠軍隊的基礎。

◆ 5. 為什麼我們沒有死忠團隊

企業應該擁有死忠團隊，但為什麼很多企業始終沒有建立起死忠軍隊？

結合「以人為本」的理念，我們就能發現，很多企業領導者自身思維和言行中存在的盲點，導致死忠團隊無法完全建立。

(1) 重視精神層面，忽視物質建設。很多領導者在會議上總是喊口號、講故事，引導大家建立「企業主角」的心態，這本身沒有問題。但是

不要忘了，口號再響亮、制度再完善、創業故事再豐富，員工來到企業工作，首先是要滿足生存和發展，賺得足夠的收入，保障自己和家人的生活。企業不斷發展，但核心員工的收入卻始終沒有提高，員工連生存訴求都無法滿足，就談不上精神歸屬感的形成。想擁有死忠軍隊，領導者先要幫助員工賺錢，解決他的後顧之虞，這樣他才能贊同領導者、信任企業。

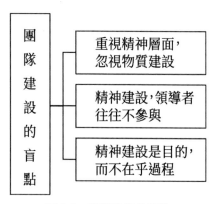

圖 3-2　團隊建設的盲點

　　(2)精神建設，領導者往往不參與。企業想擁有死忠軍隊，領導者要按忠誠文化的準則自我要求，做出表率。

　　在以往的新學員中，我發現很多人都存在「話多」的現象。當他們說起對員工的精神建設要求時，頭頭是道，但自己卻游離在這個體系之外，絲毫不在意自己的行為已經越過底線。例如，有人隨意支出企業帳戶，有人隨意安排親戚朋友在企業內任要職等。

　　稻盛和夫說過，經營哲學主要是修練自己，需要透過領導者自己的行為，去影響員工自覺接受與認同。只有領導者自己先做到以身作則，才能引導員工共同進步。

（3）精神建設是目的，而不在乎過程。一些企業經營者將精神建設作為手段，整日替員工「洗腦」，以實現多工作、多加班、多創造利潤的目的，但這樣做，最終卻無法留住人才。究其原因，是因為領導者沒有理解，死忠軍隊的精神建設不是手段，其價值貫穿於過程。讓員工建立忠誠思維，是為了企業、個人更好地發展。如果僅僅將精神建設作為功利性的手段，那麼多數企業都會陷入動機不純的境地，即企圖透過所謂忠誠精神建設，降低員工物質需求，從而變成降低成本的一種手段。在這種手段下，剛開始，也許員工會表現得煥然一新，但時間一長，員工發現了領導者的私心，那麼必然會對企業失望，對工作的熱情也逐漸下降。

如果一個企業沒有死忠軍隊，領導者就要從自身來尋找原因。而企業一旦有了死忠軍隊，成功將指日可待。

02　最強團隊與黃金班底

打造企業內的核心黃金班底，建構自己的「十八羅漢」，領導者就要在意識到死忠軍隊重要性的基礎上，進一步確認黃金班底的特徵。

什麼是黃金班底呢？黃金班底就是企業組織中最重要的一股力量，是員工的職業終極目標。黃金班底是一群對企業信念如鋼鐵般堅定奉行的人，他們堅定捍衛企業的利益和立場，是企業發展中重要的推動者、企業創始人的核心支持者。

打造黃金班底同樣是一門藝術，發現能進入黃金班底的員工，離不開領導者對其能力和態度的仔細分析、精準觀察，而不是憑藉個人喜好。例如，「A員工和我是校友，他應該進入；B員工長得漂亮，她自然有這樣的機會；C員工是親戚的朋友，理應成為黃金班底的一員……」如

果帶著類似思維選擇黃金班底成員，最終都會發現，這些人根本無法勝任，並且也不會真心接受領導者的囑託。

建立最強團隊之前，領導者必須清楚什麼是最強團隊，什麼是黃金班底。

◆ 1. 區分企業的員工類型

領導者必須有這樣的認知，即無論企業的規模如何，只要招募了一定數量的員工，自然就會出現「層次」。這種層次差異，指的是員工對工作態度的差別、對企業責任心的高下，它由每一個人的現實追求、成長影響等決定的，是客觀存在的現實差異。

領導者應努力將「以人為本」的理念引入企業，努力提升全員的賺錢能力、成長空間。但是，這並不等於所有人的成長都是同步的，都能與企業的理念保持一致。儘管優化管理的目的，是讓「資優生」比例不斷增大，但員工現實表現的層次是不可能全部一致的。即使在「資優生」內部，也存在明顯的層次高低。所以，想打造最強團隊，首先應區分企業內的員工類型。

（1）混吃型員工，即終日混來混去的類型。所謂混吃型員工，就是在工作職位上當一天和尚撞一天鐘的人，他們最常見的表現就是逃避工作、逃避學習。遇到主管布達的任務，往往找各種藉口推託。

即使面對針對性的培訓課程，也總是以家裡有事、聽不懂等加以逃避。這些人，就是團隊裡典型的混吃型員工。

混吃型員工，不要說進入最強團隊，即便留在企業，做一名普通員工，也會造成非常大的隱患。他的一舉一動都會被其他員工看在眼中，讓其他員工產生錯誤認知，即混吃、懶散也可以拿到同等薪資。如果領

導者放任自流，那麼其他員工也會學習他的樣子，糊弄工作；黃金班底成員也會受其影響，變得不再進步。

分享一則來自我學員的案例。

李總是我的學員。他管理著一家企業，自己也是個脾氣和性格很好的人，仗義、體貼。正因如此，創業初始就來到企業的老員工，始終追隨著他。後來，隨著企業規模的擴大，李總的企業，員工數量達到500人。在這個階段，他開始頭痛，越來越頻繁的離職事件出現，甚至有兩名最早的老員工，也對他表示了離開的念頭。

李總很納悶：企業正越來越好，員工的待遇也不斷提升，為什麼有的人在這個時候忽然提出離職？

某個週末，李總約一名老員工談心。老員工說：「李總，我和您在一起很多年了，所以我不拐彎抹角。之所以有人想走，是因為×××和×××。不可否認他們兩個人學歷很高，能力上有出眾的地方，但是您應該知道，他們兩個人常無故曠職。下面的人知道，他們是在忙自己的私事。您想想看，您連續交給他們三個重要任務，雖然他們算是完成了，也僅僅只是及格罷了，和企業的目標差距還很遠。但是您不僅沒有批評，反而進行獎勵，因為您覺得他們是人才，只不過沒有適應罷了。但在我們眼裡，已經認定他們是您的親信，是走後門進來的，所以有特權，犯了錯也不會被批評。現在還有幾個老員工也有些猶豫，因為覺得企業裡有這樣的人，那麼自己就不可能做出多少成績，何苦還要留在這裡？」

老員工的一席話，讓李總恍然大悟。隨後，經過一段時間的調整，兩名新主管不約而同地離開，企業這才重新走回正軌。

對混吃型員工，在經過兩次糾正後依然沒有任何改變，那麼就應該讓其立即出局。

（2）人力型員工，能力薄弱，往往是在被動跟隨。企業基層員工中，人力型員工的數量相對龐大。他們在企業的工作目的只是賺錢，沒有多少精神追求，通常不願意主動學習新的知識。只是在職務有需求的時候，才會被動學習。企業規模越大，基層員工中人力型員工的比例往往較高，其流動性較高。

因此，人力型員工也不適宜進入最強團隊。但我們可以透過一定的方法，在滿足其賺錢的願望基礎上，推動其主動成長，跟隨企業進步，穩定基層員工團隊。

（3）人才型員工，即擁有一技之長的員工。他們多數都能勝任基層部門的基礎管理職位，如生產工廠小組組長等。這類員工願意主動學習，但學習的深度和寬度有限，通常集中在某個特定的細分領域，很難有更大的突破。

多數人才型員工是從人力型員工中脫穎而出的，儘管他們尚不能成為核心團隊成員，但在基層職位中卻是不折不扣的核心，對於這類員工一定要加強培養，盡可能地幫助他們成長。隨著經驗、閱歷的不斷提升，他們就有可能進入核心團隊。

人才型員工處於成長的關鍵點上，其能力光芒尚未完全爆發，企業領導者要注意觀察這樣的人才，因為未來黃金班底成員很有可能在他們中間誕生。

（4）人物型員工，已經具備了獨當一面的能力。與人才型員工相比，人物型員工的特點在於其注意力聚焦於學習。這種聚焦，不只聚焦於單純技術，而是基於職務實際進行的全方位學習。例如，企業 HR 主管，如果已是一名人物型員工，通常會有很強的學習欲望，不滿足於提高職務知識和水準，專注於學習 HR 方面的學習，會圍繞人力資源業務核心，更

多地聚焦到更高層面的企業管理上。

這樣的員工，有更多潛力進入黃金班底。領導者發現這樣的員工，必須重點培養，為他們提供足夠的成長空間，其中包括但不限於專案培訓、產業高峰會議參與等。這樣，才能激發他們不斷成長的欲望，促使他們邁進最強團隊的大門。

(5)班底型員工，即核心人物。這是最高等級的員工，即最強團隊的班底型員工、核心員工。這些優秀的員工，他們與企業一起經歷了風風雨雨，是企業當之無愧的黃金班底。只要有他們在，領導者就不必擔心企業會無人可用。

在一代黃金班底的努力下，能源源不斷地培養出二代黃金班底、三代黃金班底、四代黃金班底……在企業經營管理過程中，領導者必須加強對自身的管理，穩固黃金班底員工心中的領導者地位。加強對黃金班底的管理，做到獎懲分明、按勞動力分配。

企業因黃金班底而精彩，因黃金班底而做大做強，黃金班底的員工，就是企業的核心。

◆ 2. 維護黃金班底，挖掘未來最強團隊

領導者建構完善的企業管理系統，先人後事，在此基礎上，就能更容易發現哪些人是真正的最強團隊成員。

針對最強團隊成員，領導者唯一要做的事情，就是不斷維護他們的工作狀態，確保其利益水準與企業的發展階段相輔相成。企業發展有新突破，黃金班底成員就應享受相應的物質和精神上的滿足，其利益成長曲線與企業發展曲線始終保持一致。

領導者最忌諱的，就是產生「功高蓋主」的想法。有些領導者格局不夠，一旦發現核心成員的成長速度較快，就打壓和限制其發展，這是最不可取的。任何核心成員感到自己被懷疑，他對企業經營者的信任和忠誠就將頃刻崩塌，會毅然選擇另起爐灶。結果，最終受傷的，還是領導者和企業本身。

要想避免類似問題的出現，最好的辦法是領導者與企業、員工一起成長。這種成長，不僅包括業務能力，還包括綜合素養，如對企業管理的理解、對員工成長的觀察。為此，領導者的心胸、觀察力、分析力應大幅提升，以便站在更高的層次上觀察企業和員工。領導者和員工一起成長，將成為員工的力量源泉。這樣，就能從根本上保證企業黃金班底的穩定。

更高階的管理，在於不斷形成黃金班底。黃金班底的數量越大，企業的穩定性就越強，發展速度就越快。領導者必須要讓合適的員工獲得成長的機會，不斷擴大死忠班底的規模，這對於領導者來說，同樣是更具挑戰的工作。

「世有伯樂，然後有千里馬。千里馬常有，而伯樂不常有。」作為領導者，必須是員工的伯樂，不斷挖掘黃金班底成員。多數情況下，黃金班底成員都是從內部不斷晉升的，經歷過基層生產、小組管理、中層管理、專案管理的員工，往往是更具穩定性的黃金班底員工。此外，對於人才型員工、人物型員工，如果企業規模過大，領導者一旦沒有關注到這樣的人才，很容易導致潛在黃金班底員工的流失。

在日常企業管理中，領導者必須走進基層，而不是終日坐在辦公室裡做策略規劃。策略的實現，需要員工的付出，領導者切勿本末倒置，認為制定了策略，企業就可以完成。與此相反，企業的每一步發展，最

終都需要落到「人」的上面。

對晨夕會、績效會等員工管理和激勵形式，領導者一定要親自參與，觀察和分析每名員工的成績和特點，尋找值得培養的潛在人才，找到他們重點關注的內容，不斷給予他們成長的激勵。遲早有一天，其中的優秀員工將會成為企業最不可或缺的黃金班底人才。

在了解什麼是黃金班底，領導者要做的就是用一雙慧眼，在員工中挑選出黃金班底成員。

03　挑選核心黃金班底的三個要素

如何挑選核心黃金班底？這是困擾很多領導者的難題。畢竟，黃金班底直接決定了企業未來的走勢、企業內部的氛圍，其成員必須慎之又慎。那麼，我們該如何挑選黃金班底成員呢？

◆ 1. 立場一致，保持忠誠

這種核心員工，在企業裡的具體表現為與領導者一條心，成為領導者的心腹知己。選人的第一點，是要看人的立場，要看員工是不是與領導者一條心。道不同不相為謀，與領導者立場不同的員工，不僅不會成為領導者的助力，還可能成為阻力。因此，在選人時，領導者首先要確認的就是，待觀察的員工與自己有沒有保持一致的追求，是不是對自己忠誠。

現實中，多數領導者在選擇員工時，更注重員工的能力和人品。這當然無可厚非，畢竟能力越強的員工，為企業創造的利潤也就越高。人品越好的員工，越不可能在背後耍手段。

因此，在挑選黃金班底時，只有和領導者立場一致，對領導者忠誠的員工，才是最佳選擇。

可能還有領導者會感到疑惑，應該如何才能判定員工是不是和我立場一致呢？其實，這並不難判斷。對於領導者布達的任務，如果員工多次推託拒絕，卻拿不出合理的理由，那麼領導者就可以確認員工與自己的立場並不一致。儘管這名員工可能學歷高、經驗豐富、人際關係好，但如果他總是回絕、逃避領導者交代的任務，就意味著他和企業不是同一條心。

當然，所謂唯命是從，並不是指毫無底線和立場。事實上，所有人都會犯錯，領導者也不例外。當領導者做錯後，員工可以提出建議或意見，甚至可能發生爭執，但絕不應該是袖手旁觀、坐等變化的。他們的態度應該是：勝，則與你君臨天下；敗，則陪你東山再起。無論如何，我願意陪你一起奮鬥。這，才叫立場一致，絕對忠誠的員工。

但是，人的立場是可以偽裝的。很多情況下，表面和領導者一致，並不代表員工對企業的絕對忠誠。

有一類員工，領導者應尤其注意。他們看似非常熱愛企業，一心為企業的發展著想，當領導者布達工作後，他們表面上積極行動，勇於提出自己的看法。這類員工，看似站在了企業的立場上，但實際上他的出發點僅僅是「為了表現自己的出色」。任用這類員工時，一定要十分慎重，不僅要察其言，更要觀其行。

秦某是某知名大學財會專業的應屆畢業生，畢業後進入一家合資企業財務部工作。總經理決定對一些財務制度進行改革，以適應企業的發展速度，希望財務部的全體人員能夠集思廣益，想一些好點子，提出一些好建議。

雖然只是剛入職幾個月的新人，但是秦某認為自己的學歷高、理論知識豐富，所以一直對企業的財務制度頗為不滿。聽到總經理有意對財務制度進行改革，他意識到自己表現的機會來了。

幾天後，總經理召開會議。總經理先把自己一份詳細、完整的計畫書宣讀了出來，然後讓大家多提意見。同事們紛紛開始發言：「計畫沒有問題，我們可以執行，但是在細節地方，我們會做一定微調，到時候會讓老闆過目。」

就在這個時候，秦某忽然站了起來，當場表達了反對的意見。最後，他還提出了自己的想法。

聽完他的話，總經理想了想，說：「小秦說得很對，未來我們肯定是要朝著這個方向發展，提出的建議很有建設性。不過當前，改革還不是最佳時機，有幾個方面還不太適合我們企業的發展狀況。」

隨後，總經理還就此提出了自己的想法。但是，秦某卻覺得面子上掛不住了。

他認為自己的建議既詳細完整，又具有創新意識，總經理之所以覺得不夠好，那是因為他思想太保守。所以，在如何改革上，秦某步步進逼，與老闆爭論不休。

最終，會議不歡而散。幾個月後，秦某選擇主動離職。又過了一年，總經理聽說秦某換了三家企業，但是每一次都是被掃地出門。他依然喜歡表明自己的「立場」。其中，居然有位領導者認為他是正確的，並給予了他很高的許可權，但最後的結局卻是一團糟。

總經理聽說了他的經歷後，淡然地說：「這樣的員工表面上是為了企業，其實就是為了他自己罷了。」

很多時候，經驗不夠豐富的領導者，都會被這樣的員工矇蔽，認為他們是從企業的角度出發，是站在領導者的角度，維護企業的利益。但事實上，他們只是想要彰顯自己，贏得他人的重視。在挑選黃金班底時，這種一切以自我利益為取向的員工最不可取。

領導者在挑選黃金班底時，一定要選擇對企業真正有用的人。要選擇與領導者立場一致，對領導者忠誠的人。只有這樣，企業才能穩定、健康地發展。

◆ 2. 懂得分享名利，有容忍之心

在企業裡，能凝聚人的人，才叫人才。

企業發展，依靠全員的力量，而非某個個體的忽然閃耀。很多企業都會面對這樣的問題，將某個能力突出的員工提拔至主管職位時，他忽然好像迷失了方向，團隊的業績一塌糊塗，導致整個企業的發展遭遇瓶頸。實際上，這樣的員工往往只適合按照指令做事，而不擅長下達指令，也就是不擅長管理。

能力強的人才，不一定是領導者，領導者也不一定具體業務能力就強。所以，在挑選黃金班底成員時，必須更多注意員工有沒有成為領導者的潛質，有沒有凝聚人心的力量。

有凝聚力的人，通常都是有胸懷、有格局、有擔當，懂得分享名利的人。

得人心者得天下，這絕不是一句空話。在企業經營管理過程中，我們往往會發現，受員工尊敬、愛戴的領導者，員工工作的效率很高。即使領導者不說，員工也會主動去做。而不被員工尊敬、愛戴的領導者，員工就會敷衍應付。

所以，在領導者選擇黃金班底時，要注意被觀察的員工，身邊有沒有「人」。如果一個人在企業做管理多年，但其身邊卻沒有全心全意為之所用的人，那麼這個人的格局、擔當往往就有問題。

我有一位客戶就遇到了這樣的問題。

該客戶曾擔任××連鎖超市企業分部的總裁。當時，該區域有三家店，每家店一年營業額大概在2億左右。儘管營業額高，淨利卻相當低，只有營業額的8%。當時，該總裁許諾某店長，營業額超過2億的部分，淨利的分紅可以三七分。店長拿七成，總裁拿三成。

總裁做出這一決定的潛臺詞是，我可以將分紅分給你，你也要學會，將錢分給員工，提高他們的積極性。畢竟一旦營業額超過2億的部分，淨利就都會分給大家，這樣，工作效率都會提高。

然而，讓總裁出乎意料的是，店長並沒有這樣做，他反而把分紅全拿在自己的手裡，一點也捨不得分給員工。

總裁意識到這個問題的嚴重性，沒兩年就把他開除了。

今天，很多企業裡，人才進不來、留不住的原因，就是上到領導者，下到股東格局都太小了，不懂得分享名利。

懂得分享名利的人，比能力強的人更具有號召力，更容易為企業帶來深遠的影響。如果領導者不懂得分享名利，員工一定是鬆散的。這樣的企業根本不能經歷風雨，也不會有做大做強的機會。

領導者在挑選黃金班底成員時，一定要找有凝聚力、有擔當、有格局的人。要在徵人、選人、用人的源頭把關好。企業管理層任用，可以進行「空降」，但這個比例一定要非常低，要盡可能保證管理層的成員，都由內部進行挖掘提拔的。

只有這樣，他們才會理解、願意主動分享名利，去團結自己管理的所有人。

因此，即便是高薪「挖牆腳」而來的管理人才，也要經過一段時間的磨練後才能進入真正的黃金班底。

領導者在徵人時，尤其應注意，高薪「挖牆腳」只是為了「填補缺漏」。企業內部某位置上，如果缺乏合適的內部人選，可以不得已「挖牆腳」。但如果將高薪「挖牆腳」作為主要做法，那麼你將永遠無法建構自己的黃金班底。

◆ 3. 成果顯著，獨當一面

領導者交給員工某項工作，要求員工完成該工作任務。能實現成果的員工，就有可能成為黃金班底，不能實現成果的員工，就不能成為黃金班底。這裡的成果，就是指創造價值。領導者創辦企業的初心，是盈利，是發展，是為社會創造更多價值。所以，能實現成果的員工，可能還要經過考驗，才能進入黃金班底。而企業的黃金班底，則必然能透過成果盈利。

想要擁有這樣的黃金班底成員，對領導者而言，又並非輕而易舉。因為除了極少數優秀的人，員工能獨當一面、創造成果的能力特性，大都需要後續培養。

以業務人員小明的經歷為例。

小明大學畢業不久，便成了一家大企業的業務人員。他性格開朗，擅長交際，和周圍的同事關係都很好。所以，經理很看重他，將一個空白市場區域交給他開拓。小明熱情滿滿地出去拓客，但沒幾天，經理就發現小明臉上沒有了自信、開朗的笑容。從市場上回來也不與同事說話

了，而是悶悶不樂地坐在位子上。

經理很納悶，把他叫到辦公室詢問情緒低落的原因，這才知道他在開拓新市場的時候一直被客戶拒絕。

經理微微一笑，對小明說：「這很正常。就像你去逛超市，挑選洗髮精、牙膏的時候，業務員過來推銷，你是不是也會下意識地拒絕？但是，你其實是需要買洗髮精、牙膏的。這就是人的自我保護機制，在面對陌生人的推銷時，無論你需要還是不需要，你的大腦就會傳遞拒絕的訊號，來避免自己受到傷害。但是成功從來不是一蹴而就的，拒絕是成功的敲門磚。」

小明聽後，恍然大悟。之後他逐漸能夠從容地面對客戶的拒絕，甚至還感謝客戶的拒絕。一些客戶由於被他感動，最終和他簽訂了合作協議。

案例中的小明剛畢業，沒有經歷過多少挫折，面對客戶拒絕，會感到壓力太大。對於職場人而言，這其實是不成熟的表現。直白地說，真正成熟的員工，都是「臉皮厚」的。拋下所謂尊嚴，將工作看成很好的學習機會，才能獲得成長。

案例中的經理，也是從小明所處的階段走過來的，因為自身經歷過，所以他才知道如何應對拒絕、如何取得成果。

事實上，足夠成熟的員工，不僅不會畏懼拒絕，反而更清楚地明白自己想要的成果，也知道如何取得成果。這樣的員工，最終才能獲得成果，為企業帶來良好的經濟效益。

所以，領導者在培養黃金班底成員前，要先學習引導員工，讓他們拿到成果。

只有這樣，成為黃金班底後，員工才能保持這種正確的思考習慣，並在企業裡獨當一面。

另外，領導者挑選黃金班底，還要觀察員工具體的特點，包括看立場和忠心，看格局、凝聚力和擔當力，最後還要看工作能力水準。

工作能力水準不足，並不代表個人缺乏能力，只是其能力暫時沒有達到其職務的標準。

曾擔任培訓機構某市地區分公司的王經理，其最初能力存在明顯不足。難能可貴的是，他和企業立場一致，對領導者忠誠，也有著足夠的擔當力，這些都是他成為黃金班底的關鍵因素。

有一次，一位客戶想來聽課，卻沒有帶夠錢。王經理直接向客戶匯了5,000元，請他去報名聽課。他對客戶說，先去學，學得好，再還錢給我；學得不好，這錢我就不要了。客戶對此非常感動，在聽完課之後，立即報名。

王經理確實沒有運用多少話術和案例，去說服客戶聽課。表面上看來，是王經理行銷能力的缺陷問題。但他卻能端正立場、果斷擔當，用自己的錢把客戶「砸」下，這足夠彌補其任何不足。而當他在地區分公司經理職位上不斷鍛鍊成長後，相關能力也得到了顯著提升。

所以，挑選黃金班底，要先看員工的立場和格局，再選擇最有能力的員工。企業經營者，必須要記住這個順序優先關係，不要只看到員工的業務能力強，就忽視其人品、綜合素養的重要性。

04 成為黃金班底的六個必要

　　培養員工成為黃金班底成員，需要從多個角度入手，幫助其從認知、自信和能力等方面出發，建立正確的成長觀。領導者對於企業內潛在的千里馬，要從六個必要因素著手，幫助其快速成長。

◆ 1. 認知週期

　　對重點栽培的員工，領導者應確保其首先明白：成長是持續提升的過程，而不是一蹴而就的事情。同樣，領導者自己也應建立這種認知。

　　從領導者角度來講，不要寄希望於一次培訓就可以讓員工明顯進步，要正確對待員工的成長。領導者應關注員工每一次的進步，並在其進步過程中，幫助找到問題。領導者應要求員工，按照不同階段，制定小目標，並督促其實現。只有透過不斷學習、不斷實踐，員工的能力才能獲得提升，最後由學得多轉化為學得精，拿到成果。

　　例如，領導者可以在一年的週期內，向員工委派五個重點專案。每個專案結束後，領導者都要與員工一起總結從本次專案中學習到了什麼，這些經驗是否可以運用在下個專案中，在專案具體實施時又出現了怎樣的問題，下次專案開始後應如何規避等。在此週期中，員工可能會出現能力發揮不穩定、狀態上下起伏的現象。但是，只要沒有與預期產生過大差距，領導者就應該接受並包容這種起伏，而不是對員工大加指責。因為被人指責和被別人拒絕一樣，都會導致其自信心的喪失。

　　從員工的角度來看，也同樣如此。當員工意識到領導者將自己當成黃金班底培養時，員工很容易產生急迫心理，想盡快做出成績來回報，有時不免出現急功近利的行為。如果發現員工出現這樣的苗頭，領導者

應主動與其交流。在表揚他進步的同時，告訴他成長的累積性，告誡他不必刻意追求某一次專案出色發揮，而是應該著眼每個專案的完美度。

員工成長的週期，並不是絕對以時間長度來衡量，也可以用專案為標準。第一個專案需要達到怎樣的標準，前三個專案需要有一次明顯突破，直到五個專案的完美結束，再判斷員工是否已經真正成為企業的黃金班底。

認知週期是培養黃金班底的第一步，領導者和員工必須正確理解成長的過程，摒棄急功近利的心態，這樣才能真正幫助員工成長。

◆ 2. 核心人物

黃金班底成員，必然是企業的核心人物。他們分散於不同的部門，也是各自部門的棟梁。

當領導者發現員工具備黃金班底的潛質，就應讓其在部門內承擔較為重要的責任。一開始，不必讓其擔任絕對領導者，但應讓他處於較為重要的職位。例如對於業務人員，可以讓其承擔某個重點專案的階段業務，由領導者直接負責業績對接，但管理依然由部門經理負責。為避免越權管理，領導者不必對該員工的工作事必躬親，而是應重點觀察他的工作狀態和數據資料，在專案結束後再進行單獨的交流。

對已身居高位的員工，則可直接由其擔任核心職位的職務。但須注意的是，對高薪「挖牆腳」而來的空降型人才，不宜立刻讓其擔任絕對核心的工作。因為他們對新的企業文化、管理結構、人員特徵、業務流程都是陌生的，貿然將他們空降到核心職位上，有可能引起一些老員工的不滿，不利於企業內部的穩定。領導者可以將其安排在比預定職位稍低兩個層次的職位，從非核心職位做起，逐步向核心職位遞進。同時，領

導者應主動與其交流，了解空降員工隨後的職業規畫，向其說明自己對其職位晉升的計畫。

這樣做，不僅能消除老員工的不服、不滿，也便於新員工更好、更快地融入企業。同時，為向領導者展示能力，新員工也會主動參與企業的活動，主動學習和適應企業文化，以便讓自己更快地獨當一面，成為企業核心人員。

◆ 3. 能力成長

企業發展壯大的同時，黃金班底員工的能力也在不斷成長。即便短期內可能有一定波動，但從較長的時間角度上來看，個人成長曲線必然應穩步上升的。

能力的成長，同樣需要領導者和員工從兩個方面共同努力。

首先是領導者。領導者自身的成長，是在員工之前的。領導者要以身作則，保持學習的熱情，不斷提升自身能力，成為員工的充電樁。只有這樣，員工才能從領導者身上獲取力量，督促自己成長。在員工成長的同時，領導者也要時刻注意員工的變化，盡可能繪製一份人才成長資料圖表。根據圖表分析每個專案結束後員工與上一階段的變化，包括在哪些方面取得非常明顯的進步，哪些方面則存在原地踏步甚至後退的現象。對於這些結果，領導者應在企業內部會議上，與相應員工進行深入交流，使其保持不斷的進取心。在對員工進行獎勵的同時，還要與其深入分析不足之處。這樣，員工才能意識自己雖然正在成長，但在細節之處依然有不足，還需要不斷地改進，從而保持謙虛謹慎、追求進步的心態。

其次是員工。員工能力的提升，是領導者願意成就的結果。所以員工要牢記初心，不因一時的成績而沾沾自喜，而是始終保持「雖然取得

成績，但依然有不足」的想法。一名黃金班底的成員，是非常自信甚至自傲的，他們不會滿足眼前的成就，而是放眼未來。他們在工作中不斷發現自己的問題，並進行卓越成效的改善。面對企業內部開設的培訓課程，要積極參與，不斷將理論知識轉化為實際行動，並在工作中進行靈活運用。如果領導者發現員工有這樣的心態，就能進一步確認，這樣的員工是企業最需要的千里馬，是未來進入黃金班底的最佳人選。對這樣的員工，應給予更多的關注，幫助其成長。

◆ 4. 定位定心

定位定心，指的是員工對企業和領導者的態度。能加入黃金班底的員工，其工作立場是要與企業是一致的，對領導者是忠誠的。如果一名員工在工作中總是敷衍了事，看到其他機會就心猿意馬，隨時想找機會跳槽。那麼，這樣的員工，無論能力再強，也不能進入黃金班底，否則將會產生嚴重的負面效應。

多數情況下，當企業處於成長期時，員工並不會產生跳槽的想法。但是，任何企業都會經歷高峰與低谷，在企業處於低谷期時，就是考驗員工真心的最佳時機。如果企業一遭遇問題，員工立刻表現出跳槽的衝動，那麼給予他的地位越高、越重要，就越可能對企業帶來危害。

學員丁總，和我分享過這樣的案例。

丁總曾領導一家外商企業，在某市擁有多個生產基地。2006年，丁總高薪聘請一名業務主管，對其委以重任。恰逢當時外貿產業發展蓬勃，這名業務主管不斷為企業帶來新業績，地位也隨之不斷提升，近乎到了「一人之下，萬人之上」的地步。

對此，丁總也曾產生擔心，但看到企業業績正在上升，所以也沒有

多加限制。

　　2008 年金融危機襲來，外商企業遭受重創，倒閉企業上千家。丁總的企業同樣受到衝擊。憑藉過去客戶資源的累積，儘管業務量驟降，但還未到無力維繫的地步。讓丁總沒想到的是，忽然有一天，他接到多名生產主管的辭職信。丁總對此很驚訝，因為他並沒有裁員計畫，雖然遭遇了產業困境，但他有信心走出這個階段。

　　辭職的員工們卻表示：「業務主管之前和我們說了，現在大產業不行，猜想我們廠也難堅持，他已經準備離開了。他都不看好了，我們就也擔心。趁著現在還有點機會，我們趕緊找新的工作。」

　　無論丁總如何挽留，只有兩名基層主管表示會考慮一下，其他員工都毅然選擇了離職。不過一個星期之後，那名業務主管也選擇離職，且表現得毫無留戀。

　　接二連三的核心成員離開，導致丁總遭遇了比金融危機還要嚴重的困境。這時候他才意識到自己犯了怎樣的錯誤。

　　類似的案例，不少企業都有過。企業只是暫時出現問題，高階主管卻立刻表現出跳槽的欲望，領導者與其交流後，如果得不到信任，就應立刻讓其離開。否則，未來遇到新問題時，即使企業還能支撐，他們也會煽風點火，動搖軍心。到那時，我們損失的就不只是一名主管，而是整個企業的核心。

　　你要明白，黃金班底之所以是企業的死忠軍隊，一方面在於他們的能力，更重要的是其對企業的忠心和立場。市場出現問題時，黃金班底員工更應臨危不亂，不斷尋找方法突破困境。一旦這支核心軍隊產生動搖，對其他員工的負面影響會更加強烈。

挑選黃金班底成員時，要確定員工的態度和立場，確定員工是否和自己一條心。只有這樣，在面對困難時，黃金班底才能為其他員工帶來正面的影響，才能提升全體員工的凝聚力。

◆ 5. 提升境界

傳統文化中，「境界」是看不見、摸不到的思想覺悟與精神修養。人們無法用一個量化的標準來衡量境界。但境界卻又真實存在。大多數領導者確實存在境界上的高低，大多數員工與普通的領導者在境界上也有明顯差異。

黃金班底同樣如此。技術出色的人才很多，但境界高的員工卻不多見。他們深耕所在部門，但分析問題時，卻不局限於自身，而是會考慮到更多關連，不拘泥於某一點。例如，生產科主管對於某個生產專案，除了基礎生產規畫外，還會結合採購稅收提出更加合理的建議，這就是高境界的展現。

企業最核心的黃金班底，必須盡可能擁有如此境界。發現這樣的員工很難，但領導者必須不斷分析每一名千里馬的特點，從細節處挖掘他是否具有較高的境界。

如果他有這樣的潛質，那麼就要第一時間將其納入黃金班底之中。

◆ 6. 撐住領導者

最強團隊最後一個要素，也是最重要的要素，就是「撐住領導者」。

所謂撐住領導者，不單單是指為領導者賺錢，讓企業盈利，更多是指能夠真正理解領導者的思維。

在挑選黃金班底的三大因素中,最基礎也是最重要的內容,是與領導者立場一致,對領導者絕對忠誠。具體表現在企業管理中,就是黃金班底員工應成為領導者的心腹,處處服從和維護領導者。

例如,黃金班底員工應意識到企業的成長、自身的成長是建立在領導者的努力基礎上的,正是有了其正確管理,自己才能獲得物質和精神的滿足。因此,在發現領導者有管理細節上的問題時,可以思考,但絕不會當眾反駁,而是在會議結束後私下溝通,或是在領導者徵求意見時,提出或溝通。這樣的員工,才是值得託付的員工,才是真正能夠促進企業成長的員工。

05 黃金班底如何成長

不斷成長,並能撐住領導者的員工,是真正的黃金班底成員。那麼,領導者該如何幫助黃金班底成長,並讓其撐住領導者?以下10項修練,是黃金班底成員需要掌握的。

◆ 1. 把領導者當作人生導師

一位成功的領導者,一定是有格局、有擔當、有凝聚力的人。能將優秀的員工收至麾下,領導者本身各方面都要優於員工。只有這樣才能讓員工信服,成為員工心目中的領袖。

所以,黃金班底想成長,就要把領導者當作人生導師,要向他學習。這種學習是全方位的,不僅僅是在專業技能的層面,還要包括人生格局、人生追求。員工需要分析:為什麼領導者在實現初心後,還要不停地奮鬥?為什麼全年計畫要設定這樣的標準?在對待目標的態度上,

領導者有哪些地方值得學習？

只有真正理解了領導者，員工才能建立如領導者一樣的格局。領導者應建議員工，如果對工作、對未來感到迷茫，不妨主動與自己進行交流。

同時，員工也不必擔心為此被拒絕、被嘲笑，事實上，優秀的領導者不會拒絕有上進心的員工，他們會耐心傾聽員工的問題，給予解答。領導者的解答，來自於他們走過的路，是他們不斷失敗後總結的經驗，能讓員工少走很多彎路；反之，如果領導者對員工的請教表現得不耐煩，那麼可以確認，這名領導者沒有成為人生導師的資格，員工就可以另謀高就。實際上，這也向領導者提出了要求，想得到黃金班底，就要做好員工的榜樣。

◆ 2. 主動攬責

黃金班底作為企業核心，通常都是領導者的左右手。領導者外出時，多數都會帶著黃金班底成員。黃金班底成員一定要注意場合和具體場景，發現領導者出現錯誤時，一定要主動攬責，絕不能讓其出醜。這樣做既保住了團體的面子，又維護了企業的尊嚴，還會給領導者以及合作夥伴留下好印象。

例如，領導者宴請客戶用餐，不慎將水灑在了客戶身上。這時我們要做的不是站著發呆，而是應該及時為客戶遞上紙巾，將領導者手中的水壺拿走，並搶在領導者前面向客戶道歉，主動攬責。

◆ 3. 所有意見，只在私下交流

員工要明白，領導者雖然是人生導師，但是他做不到全能，也會有

情緒，也可能犯錯誤。

員工要做的，不是在公開場合與領導者起正面衝突，一味地抓著領導者的錯誤不放。一旦讓領導者難堪、無法下臺，那麼最終承擔後果的，只有員工本人。

正確的做法，應是等公開場合的活動結束後，私下提出建議給領導者，而不是簡單的批評。例如，領導者的專案計畫脫離現實，那麼我們需要加快腳步修正方案。領導者出現錯誤後，本身就會出現內疚心態。如果此時員工將建議或解決方案制定好，再態度誠懇地指出錯誤，提出建議，領導者就會感謝你的指正，虛心接受你的建議。同樣，能這麼做的員工，應該有很大機會進入黃金班底。

◆ 4. 把功勞讓給領導者

企業取得成績，尤其是自己立下汗馬功勞而在接受表揚時，聰明的黃金班底成員不會沾沾自喜，將功勞全部歸於自己。他們懂得分享名利，把主要功勞歸於下屬的同時，也不忘記領導者的栽培。

「這次專案超額完成，一方面是因為團隊們的團結合作，尤其是×××、×××、×××三個人，幾乎每天都吃住在公司，把公司當作自己的家，他們才是這次最值得表揚的員工。而更重要的，則是老闆！是他拍板決定這個專案的啟動，且在專案推展過程中全程跟進，如果沒有老闆，這個專案就連開始的機會都……」，這是一場在表揚大會上部門經理的發言。在論功行賞時，他犧牲了自己的利益，把自己放在最後，把員工放在中間，把領導者放在最高的位置。每個人都得到了應有的甚至超出預期的獎勵，下屬滿足，領導者有面子，皆大歡喜。這樣的員工，必然是黃金班底成員。

◆ 5. 幫助領導者奠定產業地位

　　一個企業的發展，離不開整個產業。尤其在供應鏈理念主導各個產業的今天，沒有一家企業可以完全脫離其他企業獨立生存、發展。必然會與合作企業、競爭企業產生各式各樣的連繫。在產業中最受關注的企業，其領導者本人也有著較高的關注度，擁有一定的社會地位。領導者的產業地位越高，企業獲得的機會就越多，供應鏈中談判的主導權就越高；反之，產業內輕視領導者，那麼意味著整個企業也將處於不利地位。

　　所以，想成為撐住領導者的黃金班底，就需要有獨當一面的能力，幫助他奠定社會地位。例如，進行重要的採購談判，員工應表示：「我們老闆您也知道，他在這個產業不是一天兩天。所以我們提出的價格，並不是由我一個人決定的，而是我們老闆經過反覆推敲，且與其他產業大老闆交流後得出的。我相信您不會懷疑他的專業性，我們的這份報價是位於合理的區間的。」

　　每一個專案、每一次談判、每一場產業聚會，我們應始終將領導者的地位放在第一，要不斷地強調他的能力、水準和影響力。這樣，領導者就會在產業內不斷累積口碑，最終反哺企業、反哺員工。

◆ 6. 撐住領導者面子的細節

　　作為領導者，必然需要有一定講究，即「面子」。哪怕再和藹可親的領導者，也希望得到員工的尊重，尤其在公開場合更是如此。領導者不需要員工隨時隨地「拍馬屁」，但應該需要他們在細節上顧及自己的面子和尊嚴，遵循基本的職場規範。

　　例如，領導者進電梯時，員工應讓領導者先進，且主動擋住電梯

門。領導者上車時，員工應先幫領導者拉開車門。領導者遞文件時，雙手接收適當鞠躬。無論何時、何地碰到領導者，員工都要主動打招呼問候。尤其在外出差之時，員工要主動幫領導者拿行李，這一點往往被許多人忽視。

當然，替領導者顧面子，需要注意好尺度。千萬不可讓尊重變成無底線的討好。懂得掌握分寸，尊重但不諂媚的員工，才是真正值得信任的員工。

◆ 7. 主動做紀錄

在多年企業培訓中，我發現了這樣一個現象，企業內最優秀的員工，往往都有隨身帶包包的習慣，包包裡必然有筆和紀錄本，用以記錄工作。

通常來說，身為黃金班底員工，往往已經身處重要職位，負責的工作不只是一個狹窄的領域，而是需要關注很多方面的問題。而領導者的工作更加複雜、龐大，很有可能每天下達5 ～ 10個命令。在領導者下達指令的時候，很多員工都過於相信自己的記憶力，沒有用筆或者手機備忘錄記下來。到真正實施或者向下屬傳達的時候，往往無法原字原句地傳達領導者的話語，而是加上了自己的理解。「三人成虎」，口口相傳的結果可想而知，很有可能會為接下來的工作帶來極大麻煩。

所以，員工一定要隨身攜帶筆與紀錄本，記錄領導者交代的事情。要養成良好的記錄習慣，以年、月、日為單位，具體時間為執行點。如果堅持這樣做一年，員工會發現，紀錄本就是一份很好的年度工作回顧。

◆ 8. 與領導者主動分享成長的快樂

工作中，當員工取得業績進步，都應主動與領導者分享，讓他們看到自己的進步。員工不妨將成長過程和結果，寫成簡短的報告，簡要說明自己在哪些工作中獲得了哪些成長，這些成長又會為工作帶來哪些新的變化，對未來有怎樣的啟迪。

有的員工性格靦腆，或者出於對領導者的畏懼心理，不擅長面對面交流。此時，可以透過電子郵件的方式傳送，也可以列印直接送至領導者辦公室。當領導者看到這樣的成長分享時，會與員工產生同樣的快樂，並對未來產生正面的信心和力量。

員工樂於分享自己的所得，領導者就能從員工所得中汲取所需營養，這也將有助於領導者自身能力的提升。

◆ 9. 拿到獎金主動感謝

憑藉努力，黃金班底員工獲得了企業的嘉獎，拿到了一筆豐厚的獎金。在高興之餘，員工還要做一件重要的事情，即主動發訊息感謝。

「謝謝老闆，獎金已經收到！感謝您這幾年來對我的栽培，讓我有了展現自我的機會。傳這則訊息給您，不是為了獎金，而是為了和您說聲『感謝』，如果沒有遇到您這樣的老闆，也許現在我就在一個半死不活的企業裡混吃等死。這一年我感覺成長了不少，但是和您還有非常大的距離。接下來我還會繼續努力，為企業的發展添磚加瓦！最後，再次向您致謝！」

對於這樣的訊息，領導者應該在收到後主動回覆。一方面，員工因為物質獎勵而獲得的滿足，讓其擁有繼續努力的動力。另一方面，對領

導者表示感謝，領導者也從中獲得成就感，進而確認這名員工願意接受自己的重點關注，未來還會有更大的進步空間。這樣的人，自然能夠成為黃金班底成員。

◆ 10. 主動維護領導者的形象

某些時候，當公司參與一些活動時，也許主辦單位、組織單位和參與人員知道公司名稱，但卻不一定知道領導者的名字。此時，如果領導者與員工一同參與，那麼員工就應主動向其他人介紹。介紹要盡可能詳細，說明領導者的身分、產業地位，讓領導者享受別人的讚美。建立領導者的形象，就是為了使他成為這場活動的焦點，由他代表整個企業的形象。員工願意維護領導者，領導者才會願意維護員工。在以後的活動中，領導者也應更多帶著這樣的員工前往，給予員工認識產業頂級人才的機會，讓員工的能力進一步成長。

以上這十項法則，不只是單純的職場選人用人技能，而是從人性出發的學習。作為領導者無須太過高調，但他應該意識到，自己是整個企業的NO.1，員工撐住領導者，就是撐住企業，就是撐住自己！只有擅長撐住領導者的員工，成為黃金班底，企業才能越走越順。

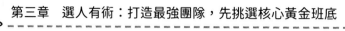

第四章　千人一心：
如何讓團隊統一思想，統一行為

　　企業擁有黃金班底還不夠，還要擁有一個思想統一、行為統一的團隊，這樣才能保證企業朝著正確的方向穩步前行。企業管理的精髓，就在於塑造一個千人一心的團隊，實現上下同頻、上下同心、上下同欲。當我們建立了一個這樣的團隊後就會發現，沒有完成不了的目標，沒有實現不了的理想！本章主要講述如何藉助工具和方法，快速打造一個高效率的團隊，讓團隊更加快速地完成目標。

01　團隊為什麼要統一思想

　　想快速地打造出一個高效率的團隊，讓員工更加快速、有效地達成目標，就應建設系統性的管理體系。所謂「授人以魚，不如授人以漁」。

　　建設系統性管理體系方法的基礎，在於統一思想。唯有統一思想，企業才能真正實現「千人一心」，確保所有員工都帶著共同的追求不斷奮鬥。正如一支軍隊，必須建立統一的價值觀和理想，以保證軍隊的穩定與團結。

◆ 1. 為什麼企業要統一思想

　　很多企業經營者會陷入這樣的困惑：企業發展越大，內部員工的精神面貌越渙散，遠不如創業初期之時的熱情四射，各類機能及原有規範也在逐漸老化。為此，領導者們採用了很多手段，例如制定更加複雜的企業管理條例，高薪聘請專業管理人才，但情況依然沒有獲得較好的改進。

這種問題的形成，在於團隊思想的不統一，這並非靠單純制度就能解決，而需透過思想層面的升級來做出改變。總是抱怨企業管理難做的領導者，其企業內大多都存在思想不統一的現象。員工們的認知雜亂無章，缺乏向心力。思想上的不統一，不僅出現在基層，也包括中高管理層。例如，生產部門負責人認為該專案應該精益求精，要求採購部門購買頂級的零件。採購部門負責人認為這是多此一舉，品質只要合格就可以。財務部門負責人則認為完全不必多浪費成本，市場上最便宜的原材料，就是最好的選擇。三個部門的負責人各持己見，甚至相互攻擊，企業內部當然猶如一盤散沙。在這種思想不統一的情況下，無論招募多少專業經理人都於事無補。

更有甚者，連領導者和普通管理者，也都沒有統一思想，有人想要穩紮穩打，有人想要迅速賺錢，導致企業沒有明確的策略目標，自然就迷失了發展的方向。

考核績效的標準，來自於策略目標的分解，而策略目標的分解，取決於思想認知。從上至下的思想不統一，將導致企業發展失去應有的節奏，各種績效考核淪為空談，朝令夕改是家常便飯。

相比這些，統一思想，統一的是對企業的發展認知。員工之間必然有所差異，但他們的思想認知應該是一致的。領導者秉承這一點，才能讓員工從心底裡認同、執行企業的標準，確立清晰的標準意識，強化其做事或解決問題的針對性和有效性，以支持企業業務流程、工作程序、作業指導標準的實施。

有鑑於此，越來越多的企業開始關注 MIS 理念識別系統（Mind Identity System）。事實上，它與「思想統一和原則」是一致的，只是採用了更加現代、更加數位化的模式，確認企業思想是否有效深入人心。

MIS理念識別系統是指導企業視覺識別系統、企業行為識別系統建立的基礎。

員工之言行，均受其思想、意識指導。在MIS理念識別系統中，企業將會建立統一的行為標準，包括人的標準、事的標準、物的標準等，幫助員工建立正確的思想意識。在此基礎上，需要領導者和所有中高層管理者，不斷從意識上強化統一，形成自上而下統一的經營宗旨、服務理念、企業精神，這樣才能打造出統一的企業團隊，讓黃金班底恆強，其他員工不斷增強。

目前，很多企業都在追求標準化工作模式，但這些必須透過理念識別系統等方式，建立在思想統一之上，如產品品質標準、技術標準、產品滿意度標準、客戶需求標準等。如果企業缺乏思想統一，即便現有制度會有一定效果，但用不了多久，越來越多的員工，開始產生自己與眾不同的想法，現行制度就無法繼續延續下去。

◆ 2. 統一思想前的準備

領導者能在某個產業站穩腳跟，並創立一家企業，也算是該產業的專家了。

大多數領導者在如何具體工作方面，確實是企業裡當之無愧第一人。但會做事不一定會管人，管人需要統一思想，而統一思想並不像我們想像得那麼容易。

面對統一思想的任務，領導者該如何著手準備呢？

(1)當團隊思想無法達到統一的時候，應該先從統一團隊的行為開始。什麼是統一行為？每一位員工都是獨立的個體，都有不同的思想，在工作中表現出不同的意識形態。如果老闆想要讓員工表現得像一家

人，就要先從統一行為開始。

統一行為，最基本的出發點，在於統一形態。在很多飯店等服務企業，會要求所有的員工工作期間必須穿戴飯店的制服和飾物，會對員工的髮型做出要求。例如，女員工頭髮前不過眉，後不過肩，不留怪異髮型；男員工前不過眉，側不過耳，後不蓋領，保持清爽整潔等。另外，還會對員工的坐姿、站姿等做出要求。

行為統一了，團隊才會開始變成整體，而非零零散散、各自為戰的蝦兵蟹將。行為統一了，團隊才會有力量，才能向更高的目標奮勇前進。正因如此，當思想無法達到統一的時候，我們可以試著先從統一行為開始。

(2)企業文化需要員工的具體行為來落實。企業的文化，代表著領導者的文化；領導者的文化，則是企業文化的核心來源。很多時候，當我們看到一個企業，評價其是一家有文化的企業，原因和依據由何而來？主要源於企業內從上到下的高層領導者、中層管理者、基層員工，源於對其每個人具體的行為觀察，當他們每個人都尊重和彰顯文化，企業也就表現出了文化的氣息。

如果企業文化不被員工接納，也不願意用具體的行為去實施，所謂企業文化就只是寫在紙上的文字。

我就遇到過這樣的企業。領導者將企業文化列印在看板上，輔以精美的圖案和框架，貼在辦公室最引人注目的位置。員工來來往往，也有人向它投去好奇的目光，但在看到「企業文化」這四個大字後，興趣歸於平淡，轉頭就走。

這就是企業文化不被員工接納的結果——只有口號，沒有行動。這樣的企業，如果不做出改變，自然不會長久發展。

一個企業有無文化，文化是正面的還是負面的，都可以在員工的狀態、行為中表現出來。簡單而言，如果有兩個孩子，一個是見面會問好，知書達禮懂禮貌，另一個是見面不理人，唯我獨尊。當他們進入學校和社會時，必然第一個孩子更受歡迎，因為他有禮貌，有家教。家教，他的行動，展現出了家的文化。

個人行為決定家庭文化，無數家庭的行為，展現民族文化。

大到民族文化、宗族傳承，小到一個企業、一名員工，文化的傳承都需要靠具體的行為來落實，靠具體的儀式感和形式感來落實。

02　團隊如何才能統一思想

統一思想，是團隊文化建設的核心。那麼，領導者該如何做，才能讓團隊建立統一的思想？

◆ 1. 統一思想的前提是同頻、同心、同欲

想實現思想統一，領導者和一線員工必須建立上下同頻、上下同心、上下同欲的體系。同頻、同心、同欲，這是統一思想過程中最核心的關鍵詞。

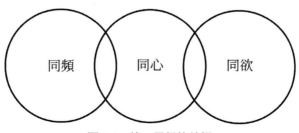

圖 4-1　統一思想的前提

所謂上下同頻，就是指從上（管理層）到下（執行層）思想在同一個頻道上。

領導者和員工對企業的發展、專案的推進，要有共同的認知。

只有共同認知不夠，還必須有共同的焦點，這就是所謂上下同心。上下同心，要求領導者要把心思放在員工的身上，員工才能同樣把心放在領導者的事情上。很多企業領導者都遇到過這樣的問題：既然我們集體認同了專案的目標，那麼為什麼員工還是不夠努力呢？

出現這種問題，就意味著團隊沒有實現上下同心。其主要原因不在於員工，而在於領導者。領導者想要讓員工理解、認同、關心自己，想要他們關注任務，首先要做到理解、包容、認同、體貼員工，去關注他們的利益和感受。

例如，當員工都在辦公室裡加班不休假地工作，領導者不僅沒有與員工一起加班，反而在和朋友聚會、喝酒，第二天上班後，又指責員工沒有達到預期目標，員工自然不會和你同心。

所以，領導者想要統一團隊思想，就要先學會付出，為員工做出表率。當領導者呈現給員工的是正向的、積極的姿態，那麼員工就會把領導者當成榜樣，才會願意接受領導者的管理，一起為了目標而奮鬥。

上下同欲，是指領導者和員工要有共同的追求理念、事業夢想。如果無法實現上下同欲，領導者會發現自己是一個人在奮鬥，而絕大多數的員工卻不願意進步。因為，領導者的欲望與員工完全不一致，員工僅僅將自己當作一名「受僱者」，企業的發展和自己有什麼關係？我的基本追求滿足了，為什麼還要奮鬥？

缺乏共同的追求理念和事業夢想，團隊管理自然不可能有好的效果。

同頻、同心、同欲，這是團隊建設的三大核心。想要實現團隊的千人一心，我們就必須在這三點上做足文章。

◆ 2. 團隊如何統一思想

管理的本質是管人，想把人管好，就要管人的思想，要做到員工與領導者思想的統一。那麼，領導者該如何讓團隊的思想統一呢？

思想統一的方法，就是把目標統一、行為統一、方法統一，變成企業日常的工作內容流程。為此，許多企業都有個性化的工作流程。

在某集團，OA系統（Office Automation）劃分各種不同板塊，包括請示報告、採購申請、合約審批、請款申請等。當企業或部門採購物品時，需要經過以上四個流程，才可以完成購買。這些流程引導下，員工自覺遵守，並成為他們日常工作中的行為準則。

參考這一案例，領導者可以把目標、行為和方法，變成日常的標準化流程，讓員工每天在這樣標準化的流程裡，工作、學習和成長，最終統一思想。

2013年，我的公司創立，從較小的顧問機構，發展為今天這樣的大型顧問企業。做到這一切，是因為有共同目標，所有員工能為同樣的目標而努力、奮鬥和堅持，並獲得了最終的勝利。

其中最有代表性的事例，是在邀約客戶成交的過程中，員工不畏懼拒絕，不停地打電話給客戶，不停地拜訪，憑藉這種「小強」精神贏得了客戶的認可和尊重。

但是，在將目標、行為和工作方法變成員工日常準則時，領導者要避免對員工單獨洗腦。這剛好是思想統一過程中，很多領導者都喜歡做

的。當團隊很難做到思想統一的時候，有些領導者會更喜歡對團隊「逐個擊破」，如果是以部門為單位，不失為一個好方法，但用在員工個體上，卻不是最適合的方法。

領導者逐一對員工灌輸企業文化，其缺點很明顯。首先，會耗費自己和員工的時間。每位員工都有屬於自己的職務工作，或輕鬆或繁雜。利用上班時間談話則會拖延員工的工作進度，也會讓領導者看起來除了談話外無事可做，無事能做。

若是占據員工的休息時間談話，有極大的可能會引起員工的不滿，反而違背了領導者談話的初衷。其次，是不利於團隊內部的和諧。組隊是人類的天性，非我族類其心必異是人性。企業團隊，會對和領導者單獨接近的員工，產生隔閡心理。

所以，單獨「洗腦」是最不可取的。只有將思想管理、行為管理、目標管理，變成對團體的日常管理工作內容，團隊才能實現思想統一。

企業應如何將員工的思想、行為和目標變成日常工作內容和流程呢？

會議關係到思想統一，是組織管理體系裡的重中之重，透過開會可以統一思想。但開會也要講究方式的，否則很容易出現以下情況。

張總是一名「五年級生」，在1990年代就開始創業，且獲得了不錯的成績。

三十年下來，他有了一套自己的管理模式：每週定時對員工開「洗腦大會」。在每次會議上，他都會講述自己的經歷，然後不斷地告訴員工：自己走過的路很艱辛，但是很值得。如果大家願意和自己一樣，那麼企業就會不斷發展，個人也會不斷發展。

曾幾何時，這個方法獲得了很好的效果，很多員工在他的鼓勵下不斷進步，目前企業多數的中層主管，都是在這個階段成長起來的。

　　然而，到了今天，張總忽然發現，自己的這套方法貌似已經行不通了。新的員工們在聽自己的故事時，往往顯得有些心不在焉，似乎沒有那麼大的熱情。這種態度，直接反映在工作狀態上，新員工沒有多少主動進取的心態，往往做不過一年，都會選擇離職。張總很苦惱：「現在的年輕人怎麼了？他們為什麼一點話也不願意聽？」

　　這是因為領導者與「八年級生」、「九年級生」員工的成長環境已經截然不同。「八年級生」、「九年級生」從出生之時就已經接觸到網際網路文化，並非不熟悉這些故事，同時，他們的物質生活與前人相比明顯優越許多，對過去的「苦」，只有了解而沒有共鳴，又怎麼可能願意接受老闆的思想進而統一呢？

　　情景化，這是領導者需要重新認識的一個詞。如果一個情景是讓人陌生的，對方很難置身其中產生共鳴。「八年級生」、「九年級生」員工的成長情形與老闆既然不同，過去的管理模式能夠成功，是因為當時的員工與老闆有類似的情景經歷。所以，與其歸咎於「八年級生」、「九年級生」員工「不服管教、難堪大任」，倒不如主動改變管理模式，用適合他們的方式進行思想的統一。

　　因此，這就要求領導者建立一套完整的會議系統。培訓體系中，「六大會議系統」是團隊建設的重中之重，它既是完整的模型，又是便於實際操作的技巧，會對企業帶來非常大的幫助。我們將會在本書的第五章內容中進行完整講述。

　　其實，年輕員工之所以「不服管教」，是因為沒有人教他該如何「聽話」。而開會則能練就團隊的服從文化，能時刻讓員工意識到領導者的地位，對領導者始終保持尊敬。我們同樣需要透過開會，來促進團隊達到上下同頻、上下同心、上下同欲。

03　團隊如何才能上下同頻

什麼是上下同頻？所謂上下同頻，就是從領導者到員工，思想從上到下處在同一個頻道。很多時候，領導者和員工之間會出現互不理解的情況，就是因為領導者和員工的思想不在同一個頻道，這就是人們常說的「代溝」。代溝是指兩世代人之間的思想、價值觀念、行為方式、生活態度以及興趣、愛好等方面的差異、對立和衝突，展現在職場中，代溝會加大領導者和員工彼此之間的隔閡，降低溝通和合作效率。

領導者該如何做，才能和員工處在同一個頻道呢？

◆ 1. 向下同頻

首先，領導者需要先解決向下同頻的問題。向下同頻，即自上而下地傳播，要讓員工理解領導者的意圖，並快速進入執行狀態。

向下同頻的關鍵，在於領導者。想要確保理解自己的意圖，就要站在員工的角度上思考問題、設計方案。向下同頻的關鍵如圖4-2所示。

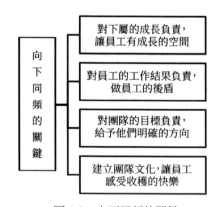

圖 4-2　向下同頻的關鍵

（1）對員工的成長負責，讓員工有成長的空間。很多領導者認為，自己下達的指令，員工根本不了解，最後的結果也往往表現不佳。但是，如果只有一名員工如此，原因可能是員工能力存在欠缺。但如果多數員工都沒有理解、完成，領導者就要從自身思考了。

其中最關鍵的原因，很可能是領導者沒有主動對員工的成長負責。大多數情況下，領導者比員工擁有更多的資源，因此能力提升更有基礎、更快。但是，領導者的能力提升之後，會想要將企業帶到更高層面，就會要求員工同樣提升工作能力追趕自己。但員工出於金錢、時間、認知、資源等方面的局限，無法迅速實現能力的提升，領導者對此認為是員工的意願不足，往往不顧實際情況，隨意安排員工無法勝任的學習任務。

久而久之，員工就會對成長產生牴觸心理，對領導者的歸屬感就會下降。這對企業的發展是極為不利的。

「小李，這個專案交給你。的確有點難度，尤其這個方面可能是你的短處，但正因為如此我才想讓你鍛鍊一下，這樣你才能成長。這個方面如果遇到問題，你可以直接請教×××，他會給你協助。但是我希望，你可以自己先去挑戰，解決了這一關，未來你就會有更大的成長空間。」

實際上，領導者如果可以這樣向員工表達，並且在工作中提供一定的幫助，那麼員工怎麼可能對任務抱有牴觸情緒？領導者應該幫助員工發現自身短處，並想辦法提升，當員工有突破的時候，加以適當鼓勵。尤其是在成長期階段的公司，員工的工作本身就很辛苦，這個時候如果能在領導者指導下，獲得成長，那麼他們自然會與領導者同頻。

（2）對員工的工作結果負責，做員工的後盾。很多領導者喜歡分配任務，任務一旦分配下去就不聞不問了，最後出現問題了，就直接拿員工

開刀，指責員工工作不盡力，辜負了自己的信任。

在這種情況下，員工當然很難與領導者同頻。恰恰相反，員工還會產生離心：「我不過是個受僱者罷了，專案完成了，錢你賺了，我就只有那點薪資。憑什麼你布達任務後就什麼也不管，所有事情都交給我做？」

這種想法不斷發酵，最終的結果就是全員懶散、人才流失。領導者對安排給員工的工作，要做到過程檢查、關鍵點點撥、資源協調，關注員工的產出和預期是否一致，出現不一致時，還需要做上下對齊工作，幫助員工解決問題。

真正的領導者，都懂得這樣的道理，即自身的工作，是支持和幫助員工，去解決專案執行中無法克服的問題。領導者雖無須直接參與基礎工作，但要做好員工的後盾和技術支援。不能意識到這一點，就不要奢望員工能做到與自己上下同頻。

（3）對團隊的目標負責，給予他們明確的方向。領導者想要讓員工同頻，最關鍵的一點在於讓員工明確目標。這個目標，就是領導者提供的明確方向。沒有明確目標，或者目標錯誤，員工就會和領導者南轅北轍。所以，制定每一個專案計畫時，領導者一定要明確目標是什麼，為什麼要達到這個目標，這個目標會為企業、個人帶來什麼。在員工確定團隊目標後，管理者還須時刻審視，檢查團隊是否在朝著目標堅定前行。一旦發現偏差，領導者就要介入扭轉，確保團隊達成目標。

（4）建立團隊文化，讓員工感受收穫的快樂。為進一步保證上下同頻，領導者應負責企業、部門的文化塑造與維護。尤其在專案順利完結、達成預期目標時，一定要召開有儀式感的表揚大會，強化同頻，讓員工意識到其所達成的業績，就是領導者渴望達到的業績。同時，表揚大會也有助於團隊內部的穩定和團結。

◆ 2. 如何做到向上同頻

從下至上的訊號，領導者也應快速接收並認同、理解，這就是向上同頻。

想要實現這一點，需要領導者和員工的共同努力。

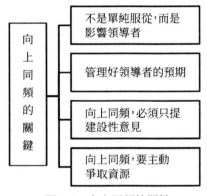

圖 4-3 向上同頻的關鍵

(1)不是單純服從，而是影響領導者。統一思想，使員工願意主動為企業考慮，即在工作過程中主動發現問題、指出問題、解決問題。這需要員工做到，並有效影響領導者。

但是，員工如果單純地按照領導者指令做事，完全服從上級，並不能影響領導者。真正正面影響領導者的前提條件，在於理解業務，理解領導者意圖。

尤其對於中層管理者而言，這一點尤為重要。如果基層員工對領導者盲目服從，可能不會有太大問題，因為基層員工有時候不容易看到整體。但如果管理團隊只是一味地服從，其團隊績效絕不會太好。

越是重要的員工，越是要站在全局看問題，在理解領導者意圖的同時，分析局勢和資源，尋找最佳途徑。例如，領導者做出了進軍手機產

業的決定，員工就要理解領導者是出於多元化發展的目的。一般情況下，領導者提出自己的計畫之前，心中已有一個大致的方案，員工要評估這個方案，分析可能會出現的問題和最終獲得的結果。員工雖不必改變領導者的大方向，但在細節之處，則需要對其產生影響。而這個工作，正是領導者獲得向上同頻的重要因素。

領導者獲得向上同頻的第二個前提條件，是確保員工能取得自己的信任。在日常工作中，員工應與領導者多溝通、多彙報，讓資訊變得透明，領導者也應由此看到員工正在持續性和自己保持統一思想的。這樣，雙方才會相互產生信任，相互願意影響。

某天，陳總辦公室忽然進來一位稀客，她是另一部門主管林總監。林總監是一個性格較為內向的人，平常很少說話，開會時習慣坐在角落裡，也很少單獨找陳總彙報業務。不過，林總監是個較為細心的人，能力很強，所以她一直穩坐總監的位置。

林總監對陳總表示，自己負責連絡的多個廠商，都出現經營不善的現象，這個時候企業應該適當縮減業務量。陳總聽完她的話有些不高興，因為林總監這是在否定今天晨會上企業決定擴大規模的決定。陳總認為林總監太過謹慎，心中不以為然，就含糊地表示「知道了」，把林總監打發走了。

結果幾個月後，林總監的擔憂成真。因為供過於求的緣故，產業內多數企業出現產品過剩的問題，陳總的企業也沒能倖免。

因此，員工要想讓領導者信任自己，想做到可以影響領導者，就一定要與上級頻繁互動溝通。反之，領導者想要獲得員工的向上同頻，也應同樣如此。溝通是人與人之間情感交流的橋梁，只有上下級之間做好溝通，才能相互了解、彼此信任，產生同樣的思想認知頻段。否則，即

使領導者與員工的思想再統一，即使員工的結論再準確，也依然無法向領導者傳達，無法讓領導者產生信任並為企業帶來收益。

（2）管理好領導者的預期。同頻，即意味著思維同步、行動同步、結果同步，領導者和員工要達到同樣的認知趨勢。所以，領導者要管理員工預期，員工也要影響領導者的預期，反覆跟領導者確認他對你的期望是什麼，與領導者達成共識。

共識就是共同的意識，共識就是生產力，這對兩者來說是非常重要的。一個專案開始前，員工就要與領導者敲定「最終要達到怎樣的效果、會產生多少的波動、有多少的消耗」。

領導者應提倡實事求是的溝通態度。對能做到的事，要求員工做出保證；不能做到的事，要求員工說明困難在哪裡，哪個部分是可以努力做到的。千萬不要做不到卻又隨意承諾，這樣只會造成雙方對結果期待的「不同頻」。如果偏差過大，甚至會對企業發展造成裂痕，對員工個人職業帶來打擊，也讓領導者失去培養的人才。

孫某大學就讀名校，是個自尊心特別強的人。大學畢業後，他進入一家IT公司工作。因為表現良好，沒過幾年他就被提拔為部門總監。成為總監之後，領導者向他布達了整年的計畫，但是他發現這個計畫的難度非常大，不是現在的他可以完成的。

但是，因為內心的好勝心理作祟，孫某沒有多說就接受了。整整一年，領導者布達的計畫沒有任何進展，反而還距離目標越來越遠。但在這個過程中，孫某並沒有和領導者重新校正預期效果，而是繼續苦苦支撐。最終被領導者認為能力不足、工作態度不好，他只好黯然離開。

其實，小孫的工作態度和能力，並沒有領導者想像的那麼差。但由於領導者沒有主動溝通，而他也沒有主動與領導者交流，對企業造成了

損失。因此，確認合理的預期效果，不是相互否定，而是相互影響，讓彼此的頻率相同。領導者必須建立這樣的意識，否則永遠都無法與員工達成共識。

（3）向上同頻，必須只提建設性意見。員工想與領導者保持同頻，就必須積極發揮影響力，但這有一個前提：只提建設性意見。

通常情況下，認為領導者的某個決定有待商榷，員工需要做的不是一味否定，只講困難，而是應該提出合理的、具有可行性的建議方案，將工作中的問答題，轉化為是非題或選擇題讓領導者做出決定。

很多員工做不好這一點，只知道否決領導者的決定，而不知道提出具體的方案，這導致明明出發點是為企業著想，而最終卻讓領導者惱怒。

事實上，人們都喜歡得到肯定和讚揚，沒有人會喜歡有人和自己唱反調，這是人之常情。如果員工對領導者原有的方案，提出了合理化建議，使方案更加完善，而且言之有據。那麼，領導者不僅不會產生反感，反而會對其更加信任。

此外，從員工角度看，如果只向領導者反映遇到的困難，而不提供解決辦法，就會造成員工工作能力有限、思想負面的形象。作為員工，應努力注意避免這一點。

（4）向上同頻，要主動爭取資源。向上同頻時，員工要爭取資源，這樣才能保證頻道的一致。例如，當領導者布達了業績月增加5%的目標，但以我們目前的能力，只能實現3%，此時，在接受領導者工作安排時，員工就要積極爭取資源，包括人、錢、時間等。錢代表著投入預算，人代表著工作者數量，時間則是機會成本。在有些情況下，領導者自己也是資源。例如，某專案開始後，領導者需要透過自己的關係，幫忙解決客戶間溝通的困難，以此來實現目標。

不要擔心爭取資源會引起領導者的不滿。對提出資源需求的員工，領導者也不應該感到厭煩，因為這意味著他已認同決定，並在尋求一定的支援來實現目標。領導者擔心的，是聽到指令就立刻回絕的員工，這意味著對方根本沒有理解自己的想法和目的，對這類人將不再重用。而領導者更應擔心的，是嘴上答應、心裡沒把握，同時卻不願意做任何交流的員工。這樣的員工，看起來接受了指令，但既沒有完成指令的能力，也沒有主動求助的欲望，這甚至比不做還會引起更差的後果。

我見過這樣一個年輕人，很值得學習。他不過20多歲，就已經在某知名網際網路公司擔任部門經理。他最擅長的就是向領導者爭取資源。每個任務確認後，他都會按照領導者的目標制定一份詳細的計畫表，並說明哪些部分需要總部支援，從不會感到拘謹。

例如，某次大型活動需要50萬元預算，但實際預算只有40萬元，於是他主動申請：部分禮品預算不足無法購買，但是倉庫還有去年買的大量玩偶，是否可以作為禮品發放，這樣就能彌補預算的不足。領導者看到他的計畫書，立刻認同並做出批准。

這樣的員工，是與領導者同頻的員工。員工應努力實現這一點，領導者則應重點培養這樣的人才進入核心團隊。

透過以上方法，員工與領導者之間就可以做到上下同頻，透過共同的努力促進企業的發展。

04　團隊如何才能上下同心

做到了上下同頻後，需要領導者做到和員工上下同心。

上下同心不只是簡單的指領導者和員工一條心。而是指領導者首先

要把注意力聚焦在員工身上，員工才會同樣將關注點放在領導者身上。代溝「是兩世代人的思想差異」，而現實中，領導者也常發現，在「八年級生」、「九年級生」年輕員工的身上，「代溝現象」最為普遍。即使年輕員工自身能力很突出，工作完成得也很出色，但是，他們很少會主動做工作範圍之外的事。這，實際上就是因為領導者和員工沒有上下同心。

那麼，領導者該如何與員工，特別是與年輕員工實現上下同心呢？

◆ 1. 領導者不應總是要求員工做出自我犧牲

為什麼領導者與員工之間的代溝越來越大？很大原因是因為領導者不會將角色代入年輕員工，不會站在他們的角度上考慮，卻總是要求員工做出更多的犧牲。

現實中，很多領導者都不想付出太多的資源（不只是金錢），反而在精神上來控制員工，並對不願被控制的員工表示深深不滿。這些領導者意識不到自己的問題，理所當然地認為，既然企業給予了員工工作機會，給了員工薪資，員工就要24小時待命，不隨時隨地服務，就是不珍惜工作，不願意付出……

但是，這些領導者似乎並未想過，員工並不是單獨的個體。他有朋友，有家人，工作也不是他生活的全部。更不用說，員工加班的所得，也可能並不多。當員工已經做得夠多，而領導者認為員工做得還不夠，還達不到自己的期望時，雙方的上下同心可能就不復存在了。

宋某在一家上市企業的分店擔任綜合行政工作。這家分店剛剛成立不久，各部門人員分配都沒有到位。分店裡除了店長和區域總監外，就只有宋某一個人。

為了更好地進入工作狀態，店長特地把宋某送到同區域的門市學習

了一天。

第二天，宋某就開始接觸不同的工作。不僅負責門市的人才招募、面試、入職工作，還負責門市的倉庫管理和物品採購工作，同時還負責不同門市之間的交接工作，以及門市初期的宣傳等工作。

可以說，宋某一個人撐起了一家門市。

店長和區域總監對綜合行政職位的工作內容並不了解，大多時候都是宋某一人自己摸索，在摸索過程中也出現了不少錯誤。每當這時候，店長總是為她打氣，鼓勵她可以在工作中學習到很多東西，對她的能力提升有很大的幫助。並且由於企業在國內有很高的知名度，就算以後離開，在履歷上也會是濃墨重彩的一筆。

就這樣，宋某拿著不高的平均薪資，做著相當於幾個人的工作，每天加班到晚上十一點。而店長只會說些鼓勵的話，把宋某高負荷的工作當成了理所應當，甚至希望她能做得更多。宋某堅持了半年，終於還是因為不堪重負選擇離職。

這樣的領導者，現實中比比皆是。他們往往對團隊有很高的期望值，這種期望值會扭曲他們的認知，當員工不滿足期望時，他們就會選擇犧牲員工的利益，來短期促進企業利潤的成長。但是，這種將員工作為「工具人」的心態，永遠不可能培養出屬於企業的黃金班底，永遠不可能實現上下同心。

該如何做，才能實現上下同心？唯一的方法，就是領導者在要求員工的同時，更要關注員工，企業應該以幫助所有員工追求身心幸福，作為自身的經營目標。

所以，當員工提出「不想加班，想加薪」的要求時，領導者要做的不是反問，而是應該先了解為什麼產生這樣的心態。如果員工的要求合

理，那麼應該滿足員工的需求。如果員工尚未達到標準，應提出一個合理的目標，待員工達成後立刻執行。

對員工而言，領導者的立刻執行比承諾更重要。員工與領導者交流後，再看見承諾的兌現，就會感受到溫暖和信任，且願意主動奮鬥。但是，如果他們最終得來領導者的一句「再說吧」，那麼員工必然會對領導者無比失望，剛剛形成的同心感，立刻崩塌瓦解。

想實現團隊的上下同心，我們不要總想著「員工是否為企業犧牲」，而是應該思考，員工的努力是否得到了應有的回報？我們是否給予了員工足夠的尊重？

員工在公司內是否可以感到內心的滿足？思索過這幾個問題，團隊上下同心就邁出了堅定的一步。

◆ 2. 學會禮遇善待員工

不要求員工做出犧牲，這只是基本。更重要的，是學會禮遇善待員工。領導者要明白，企業的發展和壯大，員工發揮著相當重要的作用。如果他們的利益都無法得到保障，如果總是要求他們犧牲家庭、犧牲業餘時間，那麼任何一名員工都會有情緒。

禮遇善待員工，不能只是停留在口頭上，而是應在細節處得以展現。員工需要撐起領導者，同樣，領導者也要對員工做出正向的回饋。

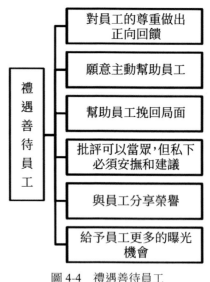

圖 4-4　禮遇善待員工

(1)對員工的尊重做出正向回饋。員工在企業、私人場合遇到領導者，會主動問好，這個時候，我們也要同樣做出回饋，面帶微笑點頭示意。此時，領導者的目光應看著員工表示感謝。如果只是敷衍地點頭，員工會感到自己的尊重，領導者其實根本不在乎。所以，無論領導者有多忙，看到員工的尊重，一定要做出正面表態。

(2)願意主動幫助員工。員工如果將領導者作為人生導師，願意學習我們的技能、人生格局和追求，對這樣的員工，領導者就要主動幫助。換言之，當員工向我們進行問題諮商時，如果我們表現得非常不耐煩，甚至說：「這麼簡單的問題你都要問，你還能做好工作嗎？」只會讓員工感到失望，久而久之，員工最初的同心將會逐漸淡化。

(3)幫助員工挽回局面。黃金班底員工在出了問題後會主動攬責，從自己的身上找問題。對於這樣的員工，領導者需要同樣做出正面的回饋，幫助他挽回局面。例如，部門主管表示因為工作失誤，主動要求扣除自己的當月薪資10%，並在員工大會中做出道歉，那麼此時領導者最應該做的是一起向員工道歉，同樣扣除本月自己的薪資。這樣做，加深了領導者在員工心目中的榜樣印象，讓員工願意把心貼近領導者。

(4)批評可以當眾，但私下必須安撫和建議。任何一家企業，對出現明顯失誤的員工，都會進行批評，以避免其他人犯同樣的錯誤，影響企業的發展。但是，領導者不能只關注批評，忽視接下來的安撫和建議。

例如，在員工會議上，某個主管主動承認錯誤，領導者也對其進行批評，並當眾表示暫停其職務。在會議結束後，領導者要主動將該主管叫至辦公室，對其進行安撫，表示：「這樣做是為了讓其他員工看到企業的底線不可破，無論是誰曾經獲得過怎樣的成績，如果出現明顯錯誤，必須接受處罰，這一點希望你能理解。」

在安撫員工之後，我們還要對其之前出現的問題進行討論，做到對事不對人。這樣做，既可以讓員工感到之前丟失的面子被找回，又可以讓他在平靜過後找到解決問題的答案，會讓員工更加忠誠。

(5) 與員工分享榮譽。當員工獲得成績後，應該主動將功勞讓給領導者。同樣，領導者也要投桃報李，與員工分享榮譽。員工懂得分享名利，領導者也要做出這樣的表率。

「剛才，×××說這個專案的完美完成主要歸功於我，其實不盡然。雖然我是老闆，做大方向的掌控，但是如果沒有你們每一個人的努力，那麼這個專案我做多少規劃都是無意義的。尤其是×××，他是這個專案的負責人，某種程度上來說比我的壓力更大，需要關注的細節更多，所以他才是這次專案的關鍵所在。讓我們再次把掌聲送給他！」

任何一名員工聽到領導者主動將功勞讓給自己，都會產生欽佩的心理，對領導者的胸懷感到無比佩服。這樣的領導者，自然能贏得所有員工的心，願意與之形成同頻、同心，跟隨他的步伐不斷成長。

(6) 給予員工更多的曝光機會。領導者參與產業高峰會議時，不妨帶上幾名黃金班底的成員，在遇到產業大老闆時可以將其介紹給對方，向對方說明這位員工的能力、地位，讓他也能夠接觸到更高階的社交場合。這種「我很信任你，所以帶你接觸更多人」的態度，會讓員工的信任感更加深入。

◆ 3. 把對團隊的期待變成一份明確的要求

很多領導者抱怨，現在的試用期，不是員工的試用期了，而是成了我的試用期了。領導者在這些員工面前連話都不敢講太重了，一講就辭職，領導者反而連尊嚴都沒有了。哪像「六年級生」、「七年級生」的老員

工，怎麼講都沒事。

　　的確，六、七年級生的員工對領導者的敬意、對工作機會的珍惜，在當下年輕員工的身上往往很難看到。歸根結柢，是因為過去我們注重「家文化」，這些職場上要知道的禮儀，員工從小就耳濡目染。但是，現在「家文化」發生了斷層，新的員工大多數都是獨生子女，在家裡沒有接受過社會化的教育和培訓。很多領導者沒有意識到這一點，總以為員工天生就具備了這些特質，不明白員工的「不行」是「不懂」。當員工無法做到時，才會對他感到失望，所以才會產生代溝。

　　例如，小張不加班，總經理問他：「你為什麼不加班？我年輕的時候天天晚上加班到九、十點，你看你們現在的年輕人，五點半下班，六點就回家了。」

　　而小張心裡則會有這樣的想法：「我身邊的朋友五點半下班，五點二十分就走了，而我六點才走，你還想怎樣？」

　　這就是現在很多年輕人的想法。

　　有的領導者對員工有太多的期待，而員工卻做不到，那麼雙方之間就做不到上下一心。領導者應將對員工的理解，放在期待之前，再變成明確的要求。事實上，在你要求他們的行動之前，他們不可能主動做到這些。因此，不要做「對牛彈琴」的事，而是要學會用「牛語」跟他們交談。要尊重員工，融入員工的內心世界，用心去理解員工們在想什麼、要什麼。

05　團隊如何才能上下同欲

　　《孫子兵法》曰：「上下同欲者勝。」一個團隊只有做到上下同欲，才可以取得最終的勝利。這裡的「欲」，並不是指「欲望」，而是共同的事業

理念、事業夢想、事業追求。

例如，公司今年想開20家分公司，公司的員工都在為實現這個目標而奮鬥。

這就是從上到下共同的事業追求。

再例如，一家店的店長只滿足於現在擁有的10家店，而總裁卻想再開10家店。這就表示總裁和員工沒有共同的事業理念。

不同的人有不同的欲望，即使身處同一個環境，也會因階層的不同而產生不同的欲望。但是，欲望並不是不可控的。領導者可以透過種種方式來調整員工的欲望，使其呈現出同時、同步的狀態。這樣，二者就會實現思想上的統一。反之，領導者的欲望遠遠高過員工，或員工的欲望遠遠高過領導者，都不利於企業統一思想的建立。

那麼，團隊如何才能做到上下同欲呢？

◆ 1. 制定專門的會議系統

很多領導者並不懂如何開會，常是有事開會，無事消失。這導致會議的效果很不好，常被員工吐槽說開會就是浪費時間。因為平時不開會，導致開會缺乏體系化。領導者在會議上口若懸河，卻講不到重點，進而導致員工認為缺乏價值、浪費時間。

為此，我們專門開發了一套專業的會議系統，該系統已在企業管理實踐中使用十多年，有大量的成功案例。

只要記住以下八個步驟，企業的會議就會開得很有效果。

(1)凡會議必有準備。

(2)凡會議必有主題。

(3) 凡會議必有議程。

(4) 凡會議必有紀律。

(5) 凡會議必有紀錄。

(6) 凡會議必有決議 (決議事項、負責同仁、完成期限、監督人、改善措施)。

(7) 凡會議必有追蹤。

(8) 開會如果不落實，效果為0。會議上布達工作，會議後不檢查，效果為0。

管理者只有把會開好了，思想統一了，團隊能夠同時做到同頻、同心、同欲，它的戰鬥力才是最強的。

◆ 2. 設定科學、完善的目標架構

除了會議，領導者還應設立科學、完善的目標架構。把目標轉化為具體的事和任務，把任務轉化為每個人的職責，把每個人職責轉化為行為，把行為轉化為結果。

首先，領導者應釐清公司各職位的目標。

領導者是具體的產業專家，但這並不必然代表他深入了解公司各職位的職責和工作目標。一個企業之所以存在不同的部門和職位存在，就是因為領導者不可能樣樣精通。所以領導者才需要廣招賢才，讓專業的人做專業的事。如果領導者想要把員工的目標轉化為具體的行為，就要先釐清公司各職位的目標。

其次，確實釐清達成目標的方法和策略。為此，領導者切忌獨斷專行，而是要和員工充分交流，深入溝通，選擇最適合員工的方法和策略

達成目標。

再來，打造一套日常的管理系統，把領導者想要傳遞給員工的思想、價值觀都融入其中。透過日常的工作流程、工作內容，把領導者的思想、企業的文化，潛移默化地植入到員工的思想中去，以此來達到思想的統一。

最後，傳遞企業正能量，解決企業內部內耗問題。有人的地方就有江湖，有人的地方就有紛爭。所以領導者要維護好員工之間的關係，讓員工有共同的願景、使命和價值觀，能夠為共同的目標而努力，避免內耗。

上述體系，就是設立科學、完善的目標架構的幾個方法。其實，無論是成就員工也好，統一思想也罷，都是為幫助領導者管理員工而建立的管理系統。但是，管理只是工具，領導者要透過工具的匯入和整理，來幫助自己統一思想，確立目標，尋找方法從而達成目標。

第五章 系統為大：
管理企業不能不懂的六大系統

　　企業管理不僅需要老闆正確的思路，更需要精準的方法與技巧。在培訓體系中，「六大系統」是企業管理的核心架構與模組，分別對應了績效管理、全員表揚、成果彙報、員工正向競爭、每日晨夕激勵等，涵蓋企業管理的各個方面。掌握了六大系統，將會直接破解企業管理最棘手的難題！

01 晨夕會系統如何落實

　　經營企業就是經營人性，管理團隊就是管理狀態。在六大系統中，首當其衝的晨夕會系統，就是一個調整員工狀態的會議系統。每天早上8點半，各個分公司的晨會從列隊訓練、口號訓練、鼓掌訓練等內容開始。

　　所謂晨夕會，顧名思義，就是上班開始的晨會與即將下班時的晚會。很多企業都有晨夕會，但效果並不明顯，原因就在於沒有將其形成系統，只是員工每天不得不做的「任務」，並不理解其目的和重要性。所以，我們要從晨夕會系統的目的入手，逐漸找到其正確落實的方式。

◆ 1. 晨夕會目的

　　企業之所以要舉辦晨夕會，是為了加強管理、增強員工凝聚力，也是為了確定每人每日目標，確定每人達成目標的方法和策略，調整團隊狀態。

在晨夕會過程中，員工可以互相學習，進一步加強對目標的認同，是員工成長的重要舞臺。一個成功的晨夕會系統，將會實現如下目標。

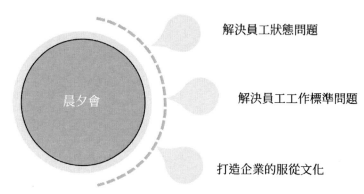

圖 5-1　晨夕會的目的

(1)解決員工的狀態問題。員工狀態低迷，源於缺乏調整狀態的工具、場合和事件。軍隊爲什麼要每天訓練？爲什麼要常開班會？這是爲了保證官兵的精神狀態，可以隨時隨地能投入到實戰中。同樣，企業也需要有明確的方法，始終爲員工注入正能量，晨夕會就屬於此類型方法。

由於晨夕會每天定時舉行，領導者能直接地根據當天員工需要面對的工作、展現的狀態，對會議和活動的內容進行調整，讓員工始終保持旺盛的熱情、集中的注意力和端正的工作態度。

晨夕會每天都舉行，其中有一項重要內容就是誦讀。領導者帶領員工，大聲誦讀《世界上最偉大的推銷員》(*The Greatest Salesman in the World*)，讀〈第三羊皮卷：我會堅持到成功爲止〉、讀《世界上最偉大的奇蹟》(*The Greatest Miracle in the World*)、讀〈第五羊皮卷：我會把今天當作最後一天活著〉、讀〈第二羊皮卷：我會用發自內心的愛來迎接這新的一天〉……

琅琅誦讀聲中，職業倦怠感消散了，身心疲勞感消失了，人與人之間的瑣碎矛盾灰飛煙滅，心與心的距離在不斷拉近。員工們也漸漸愛上了讀書，他們喜歡讀完書、調整狀態，然後再開會。

（2）解決員工工作標準問題。任何企業、任何職位，如果缺乏工作標準，員工行動就會如同一盤散沙。這是因為每個人內心對工作內容的衡量標準是不同的。

例如，同樣是吸引客戶，要達到何種程度，才算潛在客戶？如果根據員工個人習慣，答案注定是五花八門。有的員工認為，只要對方接過電話、來過門市，就可以算是潛在客戶。也有的員工會認為，除非對方願意對具體產品和服務交換意見，才能算潛在客戶。

為解決類似問題，很多企業制定了工作標準和內容，透過員工手冊、職務手冊等形式加以記錄和調整。但問題是，沒有多少員工會每天帶著這些去工作，文字版的標準，他們可能會一時記住，但卻很容易在現實中丟下。

而晨夕會系統，就是幫助他們牢固樹立標準的工具。

在晨夕會上，領導者都應將工作標準問題作為重要的會議議程。首先，明確工作標準，即每天重複工作標準的具體內容，如相關文字描述、數量、名詞、術語等。領導者應不厭其煩地透過晨夕會系統，向員工灌輸這些，從而保證員工理解，在工作中貫徹執行。其次，討論工作標準執行情況，領導者應在晨夕會上，對員工前一天的表現提出評價，結合工作標準內容，對員工是否達成標準進行具體的分析和評點。對達到標準的員工，加以表揚。對未達成標準的員工，則加以批評，對其不足之處給出改進措施，提出應有的期待。最後，還應利用晨夕會聽取員工對工作標準的理解、看法。如邀請不同的員工，談自己是如何努力推

進工作，使之符合工作標準的，也可以請員工談自己將如何調整狀態，以適應工作標準。這種做法，既能幫助員工明確工作標準，形成良好習慣，也能讓其他員工從中受益，形成相互影響帶動的良好氛圍。

（3）打造企業的服從文化。企業內不同部門、職位，都有具體的工作內容，甚至還有工作時間的不可控性。再加上員工的個性、習慣、背景、社交等特點差異，很容易造成企業服從文化不足問題。

企業服從文化不足時，員工行動隨意、職責不明、執行不力，領導者權威動搖、信任減弱、效率降低。

缺乏服從性的問題，並不一定表現得很明顯，而是會在日常細節中不斷發作，影響一個企業的健康工作氛圍。

例如，領導者向員工布達工作任務，員工的第一反應不是馬上行動，而是提出困難、尋找退路、索要條件等。儘管員工表面上很尊重領導者，如：「老闆，您看這樣可以嗎……」、「老闆，我提一個建議……」但其潛意識裡，是沒有將領導者的話當成權威，看作執行方向和結果去追求，而是認為所有工作內容，都可以像商業談判那樣「談一談」，甚而可以「教育」領導者。這就是典型的缺乏服從性。

當然，這並不意味著在企業中，一切都是領導者說了算，員工必須噤若寒蟬。但我們必須要將人性化管理、集思廣益的企業文化，與服從性加以區分。領導者在做出決策之前，有必要透過員工的建議來獲得足夠充分的資訊，有必要徵詢或聽取員工的看法，也需要在開始執行之前，向員工了解情況、分配資源。但這些實際上都是領導者自身對決策的參考和調整措施，而不是一種持續對等的賽局。如果領導者做出決策後，員工不執行，而是先談條件，或者一邊執行，一邊談條件，那麼無論何種小組，都將面臨失敗的結局。

透過晨夕會系統上口令和行動的配合，領導者能培養員工的高度服從性，做到令行禁止，某種程度上甚至形成高度服從的條件性反射。只有這樣，企業的服從性文化才算根深蒂固。

我們可以對照企業晨夕會，明確是否能實現上述目標。

很多企業內都有這個問題：不知道為什麼舉辦晨夕會，僅僅只是喊口號，沒有涉及其他更多的內容。所以，這樣的晨夕會一開始也許會有效果，但通常不過一個月的時間，領導者、員工都疲於奔命，認為這只是無意義的活動。沒有理解晨夕會的目的，自然沒有豐富的內容，晨夕會系統也就無法落實。

◆ 2. 晨夕會系統的制度

理解了晨夕會的目的，就需要圍繞目的建設體系。首先，我們要做好晨夕會的制度。

(1)每天都要舉辦晨夕會。時間可以靈活掌握，但不要超過30分鐘。

(2)晨夕會的發起並不拘泥於一種形式，既可以進行整個企業的統一晨夕會，也可以按部門進行。

(3)晨夕會應注重形式設計。傳統晨夕會上，常是領導者，站在一排員工前背手訓話。這種列隊形式，從視覺和心理上，就將領導者與員工放在了對立面，造成明顯的割裂感。

通常而言，如果企業或部門員工人數在八人以上，可按照兩排面對列隊進行，領導者站中間。如果企業或部門員工只有三、四個人，可站成圓圈，領導者站中間。這樣的形式，能讓員工感到凝聚而非對立。

(4)部門所有成員都要嚴格執行和遵守晨夕會制度。

（5）中小企業晨夕會，領導者要親自主持晨夕會。如果企業規模較大，可以由各部門負責人進行主持。

很重要的一點，雖然部門負責人主持晨夕會，但是領導者也應該有選擇地參加每個部門的晨夕會。

◆ 3. 晨夕會主要內容

確定好制度後，要進一步完善晨夕會的內容。

（1）晨夕會的固定內容。這些內容是晨夕會的核心。

① 互相問好、握手。包括早安、心情好、狀態好等內容。晨夕會的問好應簡潔明瞭，主持者應以飽滿的精神向員工問好，用自己的聲音和語氣去感染客戶。

透過每一句問好，對員工加以肯定，從心理潛意識層面啟動他們的工作熱情，鼓勵他們的工作態度。問好本身內容看似簡單，但其實也是需要透過用心，才能做好的事情。如果晨夕會從問好開始就很敷衍隨便，那麼這樣的晨會就很難有效果。相反，真心投入的問好和握手很容易讓彼此產生好感，對團隊的士氣提升非常有幫助。領導者也要主動和員工問好、握手，讓員工感受到領導者的親切。

問好是晨會的第一步，它的作用非常重要。首先，就是聚攏注意力。會議之前，員工可能處於各種狀態，沒睡醒有些迷糊的，剛衝入辦公室的，透過一個集體的問好將大家的注意力拉到會議中來。其次，則是能夠快速發現員工的狀態高低。尤其當領導者與員工問好時，一定要注意觀察：有的員工是精神飽滿、嗓音洪亮的，有的員工是情緒低落、聲音低沉的。發現這些問題，接下來就要有所針對地調整。最後，則是用自己的態度感染員工。如果領導者可以熱情澎湃、充滿希望地跟大家

問好，員工就會被領導者熱情點燃，產生相同的正向情緒。

②　明確每人每日目標。每人依次彙報當日目標，並明確完成目標的方法。每個人應講清楚自己當天想要做到哪些事情，實現哪些目標，採用哪些方法。

在這一步驟中，每名員工都要發言，說明當日的計畫是什麼。如果是夕會，則要匯總今天目標的完成度。

以一家銀行的晨夕會為例。

主持人：「下面進入業績通報部分。首先請大廳經理通報昨日分行整體業績，並對大廳服務做出講評。」

大廳經理：「昨日總業務筆數1,000筆。客戶推薦量20個。產品行銷業績：金卡1張，黃金20克，網銀6個……」

主持人：「下面從我左手邊櫃員開始，依次通報昨日工作情況。」

櫃員：「昨日我的業務筆數為160筆。客戶推薦量10個。產品行銷業績：金卡1張，網銀5個，通報完畢。」

這種規範的晨夕會，明確說明了每名員工的工作內容，內容非常有價值，所以效果自然會更好。

除了個人目標和業績，團隊目標與業績也要進行公布，這主要透過部門主管進行。這樣做的目的，是為了讓所有員工明白：團隊業績不是主管一個人的事情，是大家共同的責任和擔當。尤其對於業務團隊，業務人員在為團隊業績沒有達成而焦急奔走時，作為主管就算成功了一大半。

在發現問題的同時，還要進行業務技能的提升，也就是培訓。這也是晨夕會的重要內容組成。

③　相互回饋和建議。員工的回饋和建議，應致力於幫助彼此完成目

標。例如，向同事提出合理建議，幫助他們更好地調整方法。也可以主動向同事徵詢他們的建議看法，從而更好地提升自己的工作效率。

④ 領導者對一天的工作做詳細的安排和規劃。領導者必須對當天的工作進行詳細說明，並對每一名員工的計畫做出確認。如果有需要調整的地方，應該進行說明。建議這種調整以微調為主，除非有特別計畫，一般不要做過大的修改。

領導者在安排和規劃中，尤其應重點關注員工的工作方法和策略。如果發現員工的方法存在一定漏洞或不足，要幫助其掌握正確的思路，調整工作模式。這種幫助非常重要，一方面會大大提升員工的效率，另一方面員工也會感到領導者是在幫助自己，因此工作的積極性會更高。

在完成具體安排和規劃後，應由企業或部門領導者，結合所有參會人員的工作目標內容，對團隊的整體工作進行詳細安排和規劃。這些安排和規劃，應從整體出發，看重全體性、協調性和現實性。例如，要求前端和後端工作人員如何配合，提示市場行銷部門和具體業務部門的配合重點等。

⑤ 調整團隊狀態。尤其在晨會上，調整好團隊的狀態，將會大大提升員工全天的工作效率。可以透過打氣、鼓勵、喊口號的方式，如立標竿、講故事、嘉許員工等一些充滿儀式感的方法，先激發最積極的員工，再由他們影響其他員工，以此形成全員激勵的效果。

完成具體工作部署後，晨夕會主持人應進行鼓勵時間，帶領所有員工吶喊口號，提振士氣。其中包括嘉許、講故事、立標竿等內容，激勵員工追趕優良同事的想法，提供給其中每個人無窮的動力。

透過晨會中的這一步驟，讓所有員工習慣於每天都能表達自我的願望，接受他人的鼓勵，在口號和互動中改變沉默狀態。當員工有了表達的機會和欲望後，會進一步主動思考。這樣，員工就得到了充分的成長機會。

（2）晨夕會的機動部分。如果有較為突然的變化，那麼在晨夕會上，應靈活加入這些內容。

① 如果企業發表了新的政策，晨夕會上應該立即說明。同時，領導者必須統一解答員工關心的問題，可以讓員工提出問題，而不是做完通知後就立刻進入下一部分。否則，員工如果沒有完全理解政策的意圖，很容易在工作中抱有消極懈怠的情緒，或是因為不理解而導致失誤頻發。

② 公開表揚表現出色的員工或員工的亮點。如果在當日或昨日，有員工的工作業績非常出色，那麼應在晨夕會上對其進行特別表揚，並讓其分享經驗。這種活動，一方面會加強員工的自豪感，使其保持這種狀態。另一方面還會將經驗分享給其他人，實現共同進步的目的。

鼓勵優良是對設定目標後的效果回饋，是落實賞罰的具體動作。透過晨夕會的表揚優秀員工，並讓優秀員工分享，既是對團隊標竿的肯定，也能刺激其他人的危機意識。表揚需要具體到人和細節，批評指向對象需要模糊。

◆ 4. 晨夕會的特別注意

做好晨夕會的制度和內容規劃後，還要注意晨夕會的一些細節和禁忌。如下內容，我們一定要嚴格執行。

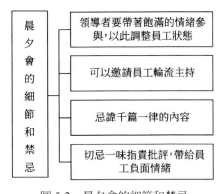

圖 5-2　晨夕會的細節和禁忌

（1）領導者要帶著飽滿的情緒參與，以此調整員工狀態。對於晨夕會，領導者如果都表現出一種無所謂的態度，那麼怎麼可能提升員工的情緒？只有領導者充滿熱情，員工的狀態才能被提高起來。

（2）可以邀請員工輪流主持。多數情況下，晨夕會的主持由部門主管擔任，但是也可以適當邀請成員輪流來主持晨夕會，例如每週三、週五的晨夕會，由員工輪流擔任。這樣做，不僅能強化主持人對流程的認識，也能鍛鍊員工主持會議的能力，為將來組織擴大準備力量。

（3）忌諱千篇一律的內容。很多領導者都向我表示過：「晨夕會感覺沒什麼用，尤其當員工入職3個月以上，大家參與的熱情都非常低。」

出現這種問題的原因，就在於晨會千篇一律，變成形式化。這就是為什麼我們需要對晨夕會引入機動部分，在保證每天固定內容的基礎上，會不斷為員工們帶來新鮮感。尤其是出色員工的公開表揚與分享，這些內容絕不會重複，因此會讓員工們始終保持熱情。

（4）切忌一味指責批評，帶給員工負面情緒。即便員工出現大問題，我們在晨夕會上進行說明，也不要只是指責。這種情緒控制剛好是很多領導者缺乏的。

不懂這個道理，晨夕會最終變成了指責會，自然沒有員工願意參與。

正確的做法，應該是在指出員工的問題後，提出解決問題的方式，讓員工有改善的可能。犯錯不可怕，只要讓他掌握了正確的思維和技巧，他就會感謝領導者的指正，反而更願意參與這樣的晨夕會。

02 成果日誌系統如何落實

在沒有接受過專業管理顧問服務的企業中，成果日誌系統很容易被忽視。很多企業經營者願意投資數十萬元改造硬體環境，卻沒有為每個員工投資數十元，打造成果日誌系統。

實際上，成果日誌系統並不複雜。表面上看，它只是每個員工用於記錄工作成果的日誌。但如果企業將這種個性化的工作工具，轉化成一套整體模板，形成一套管理系統，就能形成倍增的力量。

成果日誌系統顧名思義，就是圍繞「成果」展開，它的週期以「日」為單位，經過不斷累積，最終形成完善的體系，幫助員工釐清年、月、週、日的目標，進行每日總結、評估與改進。

成果日誌系統可以結合晨夕會系統，在晨夕會中進行成果總結與改進。透過這樣的方式，晨夕會也會改變過去「只喊口號，只有心靈雞湯」的境地，變得更加務實。豐富晨夕會形態，讓晨夕會具備應有的價值。當然，成果日誌系統，也可以和 PK 系統、績效表揚系統等結合使用。

如何結合六大系統模板，建立成果日誌系統？

◆ 1. 明確成果日誌系統的價值

成果日誌系統，主要有如下價值。

(1)明確員工年月週日的目標規畫。讓員工自己將目標寫下來，遠比向他們耳提面命地灌輸要更為有效。很多員工雖有提高自我業績和能力的願望，但卻沒有足夠的規畫意識，他們不懂得如何對自身成長路徑加以設定，只滿足於一步步地完成手頭工作。長此以往，大多數員工就只懂得按部就班，變成職位上的「螺絲」。

領導者不僅要讓員工看到樹立目標的重要性，還應為他們提供規則和氛圍，要求他們對每日、每週、每月應完成的工作情況進行提前分析判斷，並寫入自己的成果日誌中。這種記錄行為，既是有效的總結，也是充分的前瞻。透過記錄，員工會對每天的工作過程進行有效思考分析，也會對未來的工作提前熟悉了解，加以規劃。

(2)記錄員工的成長以及總結改進。成果日誌不僅是員工自我衡量工作成績的標竿，也是一臺攝影機，讓員工隨時隨地能記錄自己的工作內容、態度和情緒，從而便於記錄成長、總結經驗、改進教訓。

人總是有惰性的。如果缺乏成果日誌這一工具，員工很容易產生依賴心理，無論是工作中取得成績，還是面對錯誤，他們都會習慣性地去找主管或者老員工，以所謂「請教」、「指示」的藉口，推脫思考和總結的責任。正因有了成果日誌，員工才會獨立做主，客觀忠實地面對自我、記錄自我和分析自我。

同時，成果日誌也能為員工合理規劃時間和工作，提供充足的輔助作用。工作總是會有緊張忙碌和稍微輕鬆的節奏區分，如果沒有成果日誌這一工具，當員工面臨較為輕鬆的工作節奏時，他們很容易想要「喘口氣」、「休息一下」，導致時間浪費、精力渙散、團隊氣氛鬆散。但有了成果日誌，員工可以自行安排，也可以由部門分配他們，採用閱讀或相互閱讀成果日誌的方式，對工作過程和成果進行反思總結，相互交流經驗、取長補短。長此以往，員工即使沒有閱讀成果日誌，也會形成利用碎片化時間反思自我、總結成果的習慣。

(3)便於領導者檢查及評估。無論是企業高層領導者，還是中層的部門負責人，都應將檢查員工的工作作為重點。如果沒有成果日誌這種習慣，領導者的檢查和評估，就只能從兩種途徑進行：一種是日常的觀察，

另一種是階段性的總結。

　　日常觀察中，領導者很容易對員工產生直接印象，並給出評價。問題是，領導者也是有主觀情感傾向的。有人喜歡內向穩重的員工，就有人喜歡開朗大方的員工；有人喜歡重執行的員工，就有人喜歡擅長謀劃的員工。領導者不是在交朋友，而是在管理，只靠直接印象，很容易失之偏頗。

　　如果是階段性總結，領導者的檢查和評估會更加客觀。例如，觀察業績數字、對工作成果進行排序等，都會公平合理。但其問題在於，檢查和評估是「馬後砲」，無法產生即時性的回饋作用。同時，領導者也會習慣性地忽視過程，變成「我只要結果，不管過程」的任性管理方式。例如，員工被「放養」一個月後，領導者檢查行銷業績，發現成績不佳。此時無論如何召開會議、單獨談話，都很難追溯這段時間內員工究竟在哪些行銷部分出現了問題，無法讓員工真正清楚問題所在。

　　但有了成果日誌本後，員工日常工作行為、想法、態度、依據、步驟等，都有了較為客觀並能長期保留的紀錄。領導者既可以在日常隨時對之進行檢查，也能讓階段性總結變得更有依據，所有的獎懲、建議、指導、改正等管理措施，都將針對個人和職位，而不是浮光掠影的象徵方式。這樣，員工的進步就有了堅實的基礎，也避免了領導者檢查和評價中的隨意性。

◆ 2. 成果日誌系統與晨夕會系統的結合

　　成果日誌系統的重點，就是表述成果，並發現問題。在晨夕會上，我們不可能占用過多的時間進行非常深入的討論，所以對於成果日誌要進行簡化，以發現問題為第一目標。更多內容，將會在績效會系統、PK

會系統中進行更深度的探索。

晨夕會上，進入成果日誌彙報階段，要遵循如下幾個原則。

(1)個人彙報。首先，每一名員工都要彙報昨天主要工作完成情況，只說結果，盡可能用最簡潔的語言描述。如果沒有完成，應該承諾二次完成時間，除非有特殊情況，任何員工都不能例外。

基層員工在部門晨夕會上做彙報，部門主管在企業中層晨夕會上做彙報，要讓這種模式成為一種習慣，深深植入到企業文化之中。只要沒有出差，領導者必須參與晨夕會的成果彙報，並認真記錄。

(2)當每一名員工的彙報結束後，領導者要根據每一個人的數據資料，進行簡要講評。需要注意的是：對於最優員工，我們可以口頭讚揚，並帶頭鼓掌，使其感受到受尊重，內心得到滿足，會保持出色的狀態。而對於最差的員工，盡量不要在晨夕會上進行批評，不妨會議後私下進行溝通，查詢原因，並幫助其解決問題。這樣做的目的，就是為了保護最差員工的自尊心，避免其因為受到批評，帶著負面情緒進入新一天的工作，導致工作效率、態度進一步惡化。

簡要講評後，領導者還要進一步落實之前安排給他的工作進度。盡可能將時間明確化，而不是模糊的概念。例如「明天11點之前，這個任務會完成」，遠比「我會盡快完成後通知您」的承諾要更有效果。落實時間和工作量，是成果日誌系統中的重點內容。

(3)如果時間允許，領導者還可以分享一則案例。它可以是經驗或教訓，也可以是學習心得。時間不用過長，3～5分鐘左右即可，案例要能夠為員工帶來啟發，讓他們可以思考。這種案例分享逐漸累積，就會對員工帶來一種精神層面的吸引力，他們渴望每天聽到不同的職場案例，並從案例中結合自身進行改善和調整，促進自己進步。同時，透過講故

事的方式，成果彙報時的緊張氣氛也會得到緩解，有利於員工帶著一種輕鬆的心態投入到工作之中。

◆ 3. 不斷追蹤與總結

晨夕會結束後，領導者要將晨夕會中的成果日誌部分進行總結，對每個部門、每個人的資料進行匯總。在接下來的工作中，要有所針對的追蹤，尤其是資料波動較大的部門和個人。要觀察部門、員工是否依照要求作業生產，如發現有偏差的要馬上指正，從而保證晨夕會的效果。如果有必要，還應對部門主管、基層員工提供特別協助，糾正他們在工作中出現的問題，幫助其成長。

與此同時，領導者還要總結成果日誌系統中是否存在遺漏，是否對於標準的要求太過嚴苛，只以自己的目標為導向，忽視從員工的角度思考問題。這一點是很多領導者容易忽視的：能夠絕對達到資料標準是理想狀態，但在現實工作中，各種突發情況都不可預知，如停電、新任務，還有個人的情緒、突發工作等，都會造成最終結果的波動。

領導者設定的目標應該是一個範圍，而不是絕對的數值，應允許結果在一個可控的範圍內變化，只要不突破極限就可以認定為合理。這是領導者必須以正確心態所指導形成的管理心態，否則就會變成「獨裁」，忽視客觀現實，最終的結果就是部門主管、基層員工無法承擔這份壓力，向心力不斷降低，最終人才流失。

此外，領導者還要對成果日誌的主持流程進行總結，不斷發現問題，包括主持的方式、語言的組織、會議的內容、效果的追蹤等，以便下次改進，這樣才能保證成果日誌系統始終滿足企業需求，成為部門、個人成長的助推動力。

◆ 4. 成果日誌彙報的要點

想做好成果日誌彙報，還要注意如下幾個要點。

(1)程序要緊湊，節奏要明快，實現上下貫通。如果出現問題，不要在晨夕會上進行太多的爭辯，應該會後與員工進行深入溝通，避免浪費其他員工的寶貴時間，並對其他員工帶來不良的情緒影響。

會後溝通，如果發現是自己存在失誤，那麼應該及時向員工道歉。在第二天的晨夕會上，就要向全體說明情況，並再次向員工道歉。

某些領導者認為向員工道歉有失面子，會讓自己的威望降低。事實上，道歉不會讓員工看不起，做錯事情卻不願意承認甚至推卸責任的領導者，才會讓員工產生反抗心理，認為這樣的領導者不值得跟隨。勇於道歉，才能展現出寬廣的胸襟和就事論事的態度，反而有利於領導者塑造更加立體、豐富的形象。

(2)控制時間，不宜過長，通常要在20分鐘內結束成果彙報，避免冗長的發言分散員工的注意力，影響其他工作的開展。對於喜歡發言講話的領導者，我們可以用這種方式進行克服：連續一週拍攝自己在晨夕會上的影片，週末統一進行反覆觀看，尋找自己的問題和解決思路，並將其寫在紙上。下一週的晨夕會上，嚴格按照解決思路主持會議，發現問題立刻停止。多數情況下，經過兩個星期的調整，領導者都會掌握簡潔表達的能力和技巧。

當這樣的成果日誌彙報結合晨夕會不斷進行，久而久之，就會形成一套完善的體系，每一名員工可以對照紀錄，形成自己的成長曲線。領導者也可以在這個過程中，看到員工的變化，並從中挖掘未來值得培養的千里馬。所以，這項工作看似煩瑣，但對於全體都有著相當重要的作

用，必須嚴格執行。

最後，結合晨夕會，成果日誌還要形成一份完善的統計表格，它會涉及更多細節層面，從各個角度展現每一名員工的狀態。這份統計表格應有專人負責歸檔，如表5-1所示。

表 5-1　結合晨夕會的成果日誌統計

公司名稱：	公司部門：　　　　　個人：　　　　日期：		
晨會	1.團體活動主持人、名稱		
	2.人員儀容儀表檢查狀況		
	3.人員表揚		
	4.今日客戶預約狀況及需要協調或幫助事項		
	5.今日需要協調或幫助事項		
	6.特殊事項		
	7.今日早訓演練課題		
主持人 記錄人			
夕會	1.今日客流、訂單、邀約總結		
	2.今日重點客戶分析		
	3.今日工作出現問題		
	4.今日戰敗分析		
	5.今日工作遇到問題收集解決		
	6.特殊事項		
	7.明日工作計畫		
主持人 記錄人			

03　績效會系統如何落實

　　績效會系統，在六大系統中相對複雜，其主體包括橫軸和縱軸兩部分。橫軸描述時間線，縱軸描述職位線。不同時間、情境下，不同職位將參加不同的績效會。這是績效會系統的基本特徵。因此，在實際操作中，績效會系統，需要根據不同企業所處產業、發展階段、組織架構特徵、員工人群特徵等因素，打造出個性化結構。

　　績效會系統的具體種類區分，包括日績效會議、週績效會議、月績效會議、季績效會議、年度績效會議，它們構成了完整的績效會議體系。績效會議既是對工作完成的總結，又可以透過該會議進行組織績效、個人績效提升，並根據最終的結果，開始新一階段的工作。

◆ 1. 績效會系統的基本目的

　　績效會系統的基本目的，在於解決企業利潤的定量問題。

　　所謂定量，即企業利潤數量的穩定性。透過績效會系統的有力運作，能為企業在利潤層面樹立「定海神針」。

　　對大多數中小企業而言，無論是製造業、服務業，都存在著淡旺季的情況。

　　由於「淡旺季」存在，所以每當進入淡季時，企業內部的工作氣氛就會隨之鬆懈下來。管理團隊的注意力不再集中，員工隊伍的士氣不再旺盛，出現任何問題都有向「淡季」上推卸的傾向。例如，客戶流失率增加，怪時間不好。新客戶來訪量下降，也怪是淡季問題。這種認知嚴重影響了企業業績的發展與平衡，少數菁英人才正是因為接受不了業績時而高峰時而低谷的不穩定感而選擇出走。相信企業經營者本人，也並不

願意接受所謂「淡季」的存在。

有一句諺語，說聰明人從不把雞蛋放在同一個籃子裡。企業的業績成長理論也是如此。當一家企業初創時，為了迅速聚攏人氣、提高銷量、穩定人心，可以依靠某些特別時間段作為「旺季」，以此實現業績突破。但如果當企業已初具規模，業績成長還是在依賴「旺季」，就會無形中為企業背上風險包袱。

要想解決淡旺季問題，領導者必須充分重視績效會系統。績效會系統，能推動員工主動去追求業績成長，去提升自我狀態。

◆ 2. 月度全員績效會

績效會系統的落實層面，有多種形式，包括日績效會、週績效會、月績效會，也有員工績效會、店長績效會、股東績效會、合夥人績效會等。這些不同的績效會項目，能服務於不同產業不同階段的企業。當然，企業規模不同，績效會議的週期也可以有所區別。對於人數較少的企業，由於業務量較小，可以不必刻意追求日績效會議，避免無意義的會議淪為形式，反而對員工帶來負面的情緒。

通常來說，中小企業的各個部門應該保證每週開一次部門績效會議，總結一週出現的問題，為下一週工作制定績效規畫，核心是對每一名員工的績效進行定量，避免泛泛而談。較高級別的績效會議，如企業總部績效會議，需要每個部門負責人與代表共同參與，應保證每月開一次，具體時間可結合企業的實際情況，安排在某月上旬或下旬。會議時間不宜過長，控制在一個小時即可。

目前，最通用的績效會形式，為月度全員績效會。

月度全員績效會，顧名思義，為每月一次面向全體員工進行的績效

會議。如果員工人數在100個人以內，可以每月進行一次；如果員工為數百人，可以按門市或組別進行。對更大的跨地區企業，可以按區域進行。這意味著，無論企業規模多大、員工數量多少，都可以進行總部級別的月度全員績效會，再深入到各個級別進行同樣的會議。

◆ 3. 月度全員績效會議的組織和目的

一場完善的月度全員績效會議，應該注意如下組織原則。

月度全員績效會，其地點為企業或飯店會議室，器材準備為白板、條幅、投影機、獎品、承諾書、印泥等。其中，獎品用於獎勵本月績效優良的員工，承諾書和印泥用於員工簽署承諾書。

其目的主要包括如下。

(1)彙報當月成果，了解全體工作進展情況。在月度全員績效會上，員工、部門負責人、高階主管各自彙報成果，並根據情況進行榮譽頒發。這一會議最直接的效果，就是能呈現企業整體的月度經營業績成果，透過量化形式，展現工作和成長的進度。

(2)總結檢視上月問題，找出關鍵點。透過月度全員績效會的召開，能充分暴露出成長不足者在工作過程中的問題。會議主持者可以發動大家共同尋找其中產生問題的部分，並加以討論，提供解決方案。

(3)文化落實。月度全員績效會不能全部是理性的分析，也應有更多感性時間，如榮譽頒發、表揚儀式、實際獎勵等。這些安排能展現出企業激勵業績的積極文化，使受表揚員工感受到寶貴的職業成就感，也能讓其他參與者產生期待和嚮往情緒，並內化為進一步提升自己的動力。

(4)確定下月工作重點。在月度全員績效會上，還應具體布達後續一

個月的工作內容。其中重點如工作業績的量化、目標的明確、具體責任人、PK方案等等。透過這些方式，可以讓員工對即將開始的工作有提綱挈領的了解和掌握。

（5）明確企業發展方向。這一點尤為重要，即便只是一家三、五人的小企業，也同樣需要明確的發展方向。當發展方向明確後，員工才會和領導者產生共鳴，和所在團隊形成合力。

（6）彼此相互學習成長。對規模較大的企業而言，透過月度全員績效會，能更好地拉近部門、職位和員工之間的實際距離。例如，在連鎖企業中，不少門市和門市之間缺乏日常接觸聯絡，很多普通員工對標竿人物、模範員工更多只是耳聞聽說，沒有實際接觸。這樣，他們的學習追趕動力就會大大減弱。而透過月度全員績效會，讓員工們相聚在一起，親身接觸最優秀的人、聽他們的成長經歷、分享他們的職業榮譽，從而產生最直接、最貼近的激勵效果，帶來持久的相互學習成長動力。

◆ 4. 月度全員績效會議的組織流程

其流程主要如下。

（1）簽到、問好，營造氛圍。

（2）領導者或核心高階主管發言，強調本次會議的目的和流程。

（3）聽取各與會人員、部門，對上月工作績效所進行的彙報。彙報內容中既要有優點，也要有問題，都應結合具體數字指標展開。

（4）對上月工作績效取得成績的員工、部門，以及工作中表現突出的人或事，進行針對性的重點表揚、獎勵。

會場上，彩旗招展，喜氣洋洋。來自各個分公司的優秀管理者、員

工齊聚一堂，分享各自成果。

頒獎儀式開始後，先頒發企業文化獎，再頒發業績獎。所有與會者站立為兩列，獲獎者興高采烈從中穿過。當沉甸甸的紅包展示在大家面前時，所有人響起了熱烈掌聲，臺上臺下氣氛達到高潮。

獲獎者並不全都是因為績效領先，也有很多人是因為彰顯了企業文化，而獲得了表揚。曾經有位年輕人在領獎致詞中說：「雖然我是市場部門的，但卻沒有因為市場行銷業績獲獎，而是獲得了企業文化獎。我非常感動，說明公司並不總是以數字來衡量我們的努力！」

傳統的績效會上，頒獎對象只有業績冠軍。

我曾經參加一個企業的績效會，觀摩了他們的頒獎過程，結果整個會議上兩百多個與會人員，只有一個店長獲獎，其他店長和員工面面相覷，唯有羨慕。

真正的頒獎，應是多元的。獲獎者既應誕生於業績領域，也應誕生於企業文化領域。在績效會上，應先頒發與文化有關的獎項，再頒發與績效有關的獎項。

企業文化的重要性，不僅展現在其激勵和引導作用，也能改變員工的理念，便於領導者管理。尤其在很多管理細節上，領導者透過文化先行的理念，更容易幫助員工意識到自身錯誤，做到積極改正。

有位學員，經營一家連鎖超市。當他剛來參加培訓時，他頗為苦惱地找到我說：「我手下有個員工，他的業務能力很強，經營業績也很好。但有一點，他工作紀律觀念不行。我們超市禁止員工上班時抽菸，他把員工管理得很好，自己卻偷偷摸摸躲起來抽菸，員工看見了，他還不准別人議論。我指責他好幾次，他都說：『老闆，我為公司做了這麼

多貢獻，你就網開一面允許我抽菸，不行嗎？』這搞得我反而不好意思了……」

我對他說：「這種問題，是你們當老闆的親手造成的。你們一直關注企業的業績，最後變成了唯業績論。你們頒獎項，只看員工的業績，其他行為都是小事。這樣一來，員工自己會重視那些小事嗎？」

這位老闆恍然大悟：「老師，你說得對，確實是我之前沒有注意到。那我應該怎麼辦呢？」

我說：「很簡單，不要和員工糾結具體的事情，什麼抽不抽菸、是否遲到、辦公桌面是否整潔。如果你和他討論這些所謂細節的價值，你就輸了，他反而會轉過頭責怪你，認為你太挑剔、太不講人情。」

他一臉共鳴地說：「對，就是這樣！」

我說：「與其如此，不如利用績效表揚的機會，將企業文化變成比績效更重要的獎項。對那些遵守企業文化，切實履行行為規範的員工，要大加表揚，讓他們成為所有人羨慕的對象。這樣，所有人都會意識到，企業文化也是評價內容，無論他們業績如何，都會充分重視行為細節。」

此後，這位學員完美地執行了一套績效會系統，並將企業文化獎項放在優先頒發的位置。不久之後，他告訴我，很多員工的態度改變了，他們不再天天將「我替企業創造了業績」掛在嘴邊，而是注重起言行儀表、工作紀律、桌面整潔等。有了這些，不僅改變了員工的工作精神面貌，也改變了整個企業的形象。

除了個人獎項外，績效表揚會還應設定專屬於團隊的獎勵。我的公司每個月都會評選出「戰神」團隊，用鮮紅的錦旗、超額的分紅，來激勵

業績最佳的冠軍團隊。

當然，超額分紅與績效薪酬並不同，完全是根據每個人在團隊中做出的貢獻而設定。同一個團隊、同一次獲獎，但團隊成員根據自己的貢獻大小，獲得的分紅也會有所不同。團隊成員最高能拿數萬元的月度超額分紅，而最低也可能只有數百元的超額分紅，但每個人都會感到由衷的喜悅，因為這既是團隊整體努力的結果，也是公平公正評價後的獎勵。

當然，無論是企業文化類獎項還是業績貢獻獎項，無論是個人獎項還是團隊獎項，任何獎項的表揚，都應有明確公開的評價標準。

（5）PK時間。表揚結束之後，則是PK時間。在這一段落中，必須要讓員工承受壓力、接受成長的苦難。

我們會運用「對賭」方式，即PK對手中失敗的一方，將團隊原本應得的獎金交給獲勝的一方。

我們也會使用「娛樂節目」方式，讓業績最差的團隊，集體走上講臺，當眾吃掉苦瓜，讓其身心接受失敗痛苦的考驗。

我們還會使用「體育節目」方式，讓業績最差的團隊，集體在街頭跑步鍛鍊，並面向街上來往如梭的陌生人，大聲喊出自己的職業目標。

這些措施，都是建立在員工自發自願接受的基礎上。它不是對企業團隊夥伴們的打擊，而是幫助他們迅速成長，讓他們能走出自己的舒適圈。

（6）領導者設定下月企業文化目標、績效目標，也包括擬晉升人員的目標，並當眾予以公布。

（7）培訓計畫、公司資源支援計畫的宣布等。

績效表揚會，表揚的不只是所謂業績績效，而是發揚企業文化、落

實分紅措施，讓員工感受到身處企業環境的幸福感。透過績效表揚會，員工對企業的歸屬感會越來越強，會將企業看成家，不在的時候，也會肩負應有的責任。

(8)績效會議的最後，需要領導者對整場會議做講評。一場出色的績效會，一定要具備虎頭豹尾的特點，才能夠再次提升全員的熱情，為下一個績效目標而努力。

來看這兩種不同的結尾。

A總：

這次績效會議圓滿結束，感謝大家的參與。雖然上個月的目標未能達到預期，但是大家的努力我都看到了，最終的結果有很多原因造成，有一些是客觀事實，我們無法完全規避。有一些是因為一時疏忽，導致結果有一定偏差。但是，大家付出的心血，沒有人可以否定！只要我們避開剛才討論的那些問題，那麼相信下個月的成績，一定會讓我們自己感到驚訝！加油，我會與你們一起奮鬥！

B總：

雖然上個月我們順利完成目標，剛才也進行了嘉獎，但是我想說的是：這只是及格罷了，遠談不上優秀，不要鬆懈下來！誰有一絲懶惰，下個月就會遭受懲罰！這可不是開玩笑，希望你們都認真起來，我會時刻監督你們的。現在散會！

兩種截然不同的態度，第一種給人帶來希望和信心，雖然上個月未能完成目標，但鬥志仍在。第二種則讓人無比沮喪，順利完成計畫卻被領導者潑了一盆冷水，接下來的心態可想而知。所以，必須做好績效會議的正向結尾，哪怕出現了多少問題，也一定要在最後為全體帶來一劑

強心針，這樣績效會系統才能發揮真正的作用。

如上流程，是月度績效會議的完整流程。企業可以根據實際情況，以及績效會議的週期進行靈活調整，週績效會議可適當縮減部分內容，季、年度績效會議則應增加相應比重，以此讓會議產生最大的效果。

04　PK會系統如何落實

無PK，無業績。在當下這個時代，企業，尤其是服務業企業，如果不引入PK制度，就談不上業績成長的空間。

有競爭，才會有壓力，更會有動力。真正懂得管理的領導者，一方面會做好「以人為本」的管理理念，另一方面也會引入適當PK模式，讓全員建立健全的競爭體系，定期開PK大會。PK會系統的種類很多，包括同級PK、不同級PK、部門PK、公司PK或門市PK等。

無論何種PK會系統形式，都是致力於企業利潤的增量問題。缺少競爭力的企業，員工往往缺乏動力，對待工作只做到及格，沒有追求卓越的熱情。尤其當一個部門中，有多名員工對待工作的態度呈現平庸化，那麼這種情緒就很容易出現傳染，拉低整個部門的戰鬥力。

很多企業推行的末位淘汰法，事實上就是一種PK模式。但是我並不提倡這種只有「懲罰」的管理思維。在沒有更多管理體系的加持下單純只使用末位淘汰法，不僅不會為員工帶來正向的激勵，反而會讓每一個員工惴惴不安，將每一名同事當作「敵人」而非「榜樣」，企業內部形成惡性競爭，所以多數只採用末位淘汰法的企業，往往管理效果並不明顯。

領導者要明白，引入PK會系統，不是為了讓員工之間互相猜忌、攻擊，讓領先員工揚揚自得、驕傲自滿，讓落後員工驚慌失措、惴惴不

安，而是在內部形成積極的競爭，領先者是落後者的榜樣，落後者願意主動學習、不斷奮起，從前者身上學到經驗。這種正向的競爭，會最大化激發每一名員工的潛力，最終提升企業業績的數量。每一名員工進步一小步，整個企業就會進步一大步。

那麼，企業該如何建立PK會系統，精準落實實現對員工的正向激勵？

◆ 1. 明確PK會系統目的

（1）啟發團隊。如果不能啟發員工個人，就談不上啟發企業團隊，很多員工之所以始終無法充分融入團隊目標中，在於他們內心並沒有真正自我啟發，他們不相信自己的潛力能達成目標。而PK會將致力於這類問題的解決，讓團隊擁有更多來自員工的活力。

（2）激發潛能。一旦透過PK會系統，讓員工樹立起勝負心，有了唾手可得的目標。他們就會要求自己不斷努力，釋放潛能。

（3）激發鬥志。當員工通過PK會的考驗後，就會產生無窮無盡的鬥志。PK中的勝利者，想要維護自己的榮譽，會繼續努力。PK中的失敗者，不僅損失了薪酬利益，還會當眾將紅包交給贏家，並被拍照記錄，這種「受挫感」會讓他們期待下一次PK中的表現，並為之付出努力。因此，PK中的勝負雙方，都會被點燃更多的鬥志。

（4）激發成長。當團隊和員工個人被啟發後，有了更直接的目標和更強的鬥志，他們就會自動追求成長。圍繞PK目標，他們將會克服困難，自主成長。

（5）倍增業績。PK活動做得越好，團隊行銷的活力就越明顯，不但能員工個人的業績不斷上升，也能讓整個團隊的業績獲得倍增。

一家生產護膚儀器產品的商貿企業，在全國有上千家合作代理業務的護膚門市。隨著市場競爭趨向激烈，他們突然決定在某地開設直營門市，以便更好進行業務。2019年開始，他們開了4家店，總共20個員工。這意味著，每個月僅門市系統，就要花費其將近20萬元的成本，由於業績不能倍增，其經營壓力越來越大，員工團隊的狀態也越來越鬆懈。

為解決這樣的問題，他們學習了PK會系統。學習當月，門市業績翻了三倍。此後，這家企業繼續深入學習，掌握了產業管理課程開發和培訓方法。現在，他們不僅能用PK會系統持續提高自家直營門市的業績，還能對其他代理護膚門市進行培訓提升。這樣，除了提供產品外，這家企業也能積極為下游合作者提供產能，以更好的服務內容，成就更好的自己。

(6)文化落實。隨著PK會的進行，員工和團隊會表現出自身固有的負面習慣等問題，而這些問題，正是阻礙其工作業績上升的瓶頸，也會導致其PK難以獲勝。為了解決這些問題，就需要不斷推動企業文化的建設，即推動文化落實。

◆ 2. 設定PK會的內容與標準

領導者要設定PK會的內容與標準。所謂標準，即為目標值，目標是PK會的核心和根本。PK會的主要內容與標準如下。

(1)業績PK，即直接以團隊或個人完成業績數量，進行比賽。

(2)客源量PK，即以團隊或個人為門市匯入的新客戶數量，進行比賽。

(3)儲值卡PK，即以團隊或個人為門市業務的儲值卡數量，進行比賽。

（4）消費PK，即以團隊或個人引導客戶消費儲值卡金額，進行比賽。

（5）利潤率PK，即以團隊或個人達成的利潤與成本比，進行比賽。

（6）達成率PK，即根據不同門市、部門、職位情況不同，制定不同的目標，再測算實際達成率，進行相互PK。

在實際落實過程中，企業需要根據自身現階段情況不同，設定不同的PK標準。

例如，組織PK大會時，會設定個性化的PK方案。如果企業適合拚業績，就以業績為主要PK標準。如果企業追求客源量成長，就以客源量為PK標準。如果企業希望能增加儲值，就以儲值卡為PK標準。如果企業什麼都不缺，但是客戶消費速度太慢，就需要以消費為PK標準。如果企業發現成本和利潤比太低，就要以利潤率為PK標準。

PK會系統中，目標內容既可以是部門的，也可以是個人的。通常來說，首先應確認各個部門之間PK的目標，然後再確認每一名員工之間的PK目標，形成部門對部門、個人對個人的PK體系。

對於PK內容標準的設定，只須遵循一個原則：指標單一、數字為準。我們無須引入太過複雜的內容，部門與部門、個人與個人之間的PK標準，由一個固定的數字做標準。例如，A與B是同部門同事，二人接下來要完成類似的工作，那麼誰先達到100%，誰就獲得勝利。

用單一的數字指標做標準，這樣才能便於考核。否則，如果考核的標準非常複雜，沒有一個數字做參考，那麼當PK時間結束後，每一個人都不會認同結果，反而對團隊凝聚力帶來負面影響。

◆ 3. 做好PK會流程

為了保證PK會在一種激盪人心的氛圍中展開，我們要做好PK會流程的設計。

如下這份流程，企業應該嚴格執行。

(1)主持人宣布大會開始。

主持人介紹舉行PK大會的目的和意義，用真摯而熱情的演講為全體員工們鼓舞士氣、樹立信心。

(2)領導者上臺致詞。

公司領導者為全體人員鼓舞打氣，引導大家正確面對市場競爭形勢，樹立堅定必勝信心。

(3)簽訂PK承諾書。

各個團隊立下誓言，簽下承諾書。如果不能完成任務，願依規受罰。格式參考如表5-2所示。

表 5-2　PK 承諾書

PK 承諾書
×××承諾： 　在××××年××月，確保完成目標業績××××萬元。 　完成任務，申請獎勵。 　未完成任務，自願接受懲罰。
×××承諾： 　在××××年××月，接受×××挑戰，確保完成目標業績××××萬。 　完成任務，申請獎勵。 　未完成任務，自願接受懲罰。
立書人A： 　　　　　　　　　　　　　　　立書人B： 　　　　　　　　　　　　　　　立書時間：

（4）宣誓儀式。

各個小組分別上臺宣誓，以表決心。例如：

我們××隊在此莊嚴宣誓本次活動期間竭盡全力完成目標，上下一心，眾志成城，用業績證明我們的優秀！若無法完成任務，我們願意為我們的一切行為負責，毫無怨言地接受懲罰，並願意付出相應的代價！

團隊全體成員舉起右手，握右拳，隨宣誓人宣誓。

宣誓完畢，宣誓人應說「宣誓人×××」，其他成員逐個報姓名。

（5）團隊士氣展示。

每個部門事先已確定了隊名、口號、旗幟、隊徽、列隊造型，然後逐個小組上臺展示，重點突出激昂的士氣。

（6）宣布活動正式啟動。

PK 會的尾聲，預示著活動正式開啟。

需要注意的是，為了烘托現場氛圍，PK 會整個過程中應播放相應的背景音樂，可以渲染環境氣氛，引發員工心理共鳴。建議選擇激昂奮進的音樂。同時，PK 會應該是莊重嚴肅的儀式，主持人應該在會議的開場時，宣布會議紀律，例如手機關機、禁止吃零食等，參加者應該嚴格遵守。

◆ 4. 挑戰模式

PK 即為挑戰，所以在企業會議上，要開啟挑戰模式，以此激發全員鬥志。在進行上月業績考核後，業績低者應該向業績高者發出挑戰，同理，部門之間也是如此。

為了保證 PK 的嚴肅性，還應形成 PK 挑戰書，一定要用手寫，簽上

PK雙方、監督人的名字，並按手印。挑戰書由部門主管或人力資源部門保存。

在簽訂PK挑戰書後，挑戰方和應戰方還應依次上臺宣讀。在這個過程中，領導者應不斷渲染氣氛，激發挑戰雙方的熱情。

「接下來，兩個業務小組的負責人需要上臺，分別朗讀你們的挑戰和應戰部分。我希望，你們可以拿出你們最有力的狀態，因為此刻部門的員工都在這裡！如果兩位負責人表現得毫無準備，那麼勝利的天平憑什麼偏向你？這不是戰爭，但卻是你們之間最殘酷的較量！」

領導者用這樣的語言渲染氣氛，就會為現場所有員工帶來一種緊張感和刺激感，意識到這並不是玩笑，會提升員工的熱情，進入挑戰和應戰狀態。

◆ 5. 設立獎罰機制

PK是一種競爭模式，且有明確的資料做標準，所以應該引入獎罰機制，否則PK只能淪為表面工夫。為了避免PK會系統導致PK雙方出現惡性競爭，獎罰機制不可極端，PK獎金比例要合理，處罰內容要適度，這是獎罰機制的基本原則。

對於獎勵，獎品的比例和額度都要合理，既要激發員工內心的渴望，但也不要造成單純的物質獎勵論。我曾見過某企業，對於部門之間的PK是「獎勵100萬元現金」，這種高額的獎勵的確激起了全體的鬥志，但是卻也造成了更大的危害：為了達到目標，部門之間不惜惡意打壓、竊取資料、故意做陷阱的情形多次出現。結果，原本正向鼓勵的模式，反而造成了企業內部的分裂。

對於獎勵，我有一套理論，以物質為基礎，同時注重對於精神的深

入。例如，對於某個重要的年度專案，個人單月業務或簽單業績破100萬元，獎勵父母泰國雙人機票7日遊，團隊完成1,000萬元月度簽單目標，獎勵團隊泰國5日遊。

這種PK獎勵標的價值很高，但又不是赤裸裸的金錢，而是一種物質與精神上的雙重享受，避免PK的雙方僅僅只看到利益，陷入惡性競爭之中。

懲罰的設定更是重要。懲罰必須適度，一旦超過合理值，就會讓員工的內心產生恐懼，甚至對工作產生排斥心理。例如，某些企業的懲罰是「體罰＋精神侮辱」，在全體面前羞辱自己，這種做法不僅嚴重違反勞基法，還會對員工的身心造成無法彌補的傷害。

正確的懲罰，應該是以激勵為主，例如個人未完成月度保底目標，責任人買一只價值2,000元的手錶給業績優勝者，或是連續一個星期打掃辦公室。這樣的懲罰可以讓員工感到一定的「經濟損失」，但又沒有遭受精神上過於嚴重的打擊。

只要總結本次出現的問題，始終看著PK的獎勵，那麼下一次就有可能逆勢崛起。

◆ 6. 確定PK會監督人

為了保證PK會的公平、公正，在PK的過程中，我們還要引入PK會監督人，以避免雙方作弊。

PK會監督人的最佳人選，自然就是領導者本人。所以，對於企業較為重要的專案，尤其是重點核心部門之間的PK，就應該由領導者作為PK會監督人，全程參與雙方的PK活動。

參與PK活動，一方面是為了監督，更重要一點，這是隨時督促雙方努力，始終保持強勁的氣勢。

「距離最終截止日還有三個星期，這週你們的表現不錯，繼續努力。不過對方小組也在不斷努力，所以你們也不能掉以輕心。以我目前的判斷，如果對方小組能夠保持本週的氣勢，很有可能最終稍微超過我們一點點。」

領導者不時用這樣的方法激勵部門員工，就會讓他們鼓起鬥志，更加努力地打拚。

對於部門內部的員工PK，監督人第一人選就是部門負責人。領導者也要注意觀察部門負責人的監督工作，要求其定期做出分析報告，並確認報告的準確性，避免部門負責人徇私舞弊替某位員工留後門，導致其他員工心生不滿，對待工作的積極性下降。

◆ 7. PK兌現會

PK活動結束後，還要舉辦PK兌現會。PK兌現會可以與績效會系統結合，在績效會議上設定特別的時段，進行PK兌現。

PK兌現會上，應由PK會監督人宣布最終的PK結果。如果有多個PK專案，那麼應從重點專案開始依次進行宣告。

宣告結束後，可以現場進行頒獎，獎金、獎品直接在現場進行頒發。為了保證PK兌現會的現場氛圍，在正式宣布前避免提前公開，要讓獲獎員工在現場感受到最濃烈的熱情，以此呈現出欣喜的狀態，並影響到其他人。而對於懲罰的員工，為了避免對其造成傷害，可以不在現場宣讀，但要在PK兌現會結束後進行相應的懲罰。

◆ 8. 領導者需要承擔的責任

除了做好 PK 會監督人的工作，領導者在整個 PK 會系統中，還要承擔如下這些責任。

（1）對員工進行指導。PK 競爭確定後，領導者需要向員工傳授具體的經驗或方法，使其不至於只有衝勁，沒有技巧，陷入莽撞衝刺的狀態。PK 的結果不是目的，在這個過程中引導員工不斷學習、不斷進步，並在競爭中實現自身能力的提升，這才是核心訴求。

（2）同步做好階段性的晨夕會、績效會等，在會議上隨時對員工出現的問題進行糾正。

（3）做好統領大局的工作，保證整個 PK 活動的規範和嚴格執行，一旦發現問題立刻召開臨時會議，進行有所針對的解決。例如，發現部門 PK 過程中，部門主管嚴重失職，那麼應立刻叫停 PK，對相關責任人進行處理後再重新啟動。

如上內容，就是一套完善的 PK 會系統。相對於單純的末位淘汰法，這種模式更加完善、豐富，以激勵作為方法而非懲罰，這樣員工才有正向動力去奮鬥，而不是帶著「害怕懲罰」的心態投入工作。情緒越飽滿，越容易出色發揮；終日膽顫心驚，甚至連 60% 的能力也無法發揮。所以，企業必須建立體系化的 PK 會系統，這樣才能啟發團隊戰鬥力，激發個人潛能與鬥志，不斷促進個體與團隊的成長，最終保證企業文化落實，企業業績倍增。

05 三欣會系統如何落實

什麼是「三欣會」？它的核心又是什麼？

三欣會的重點就是「欣」，即欣賞。企業管理法則始終提倡的是「以人為本」，人在事前，透過合理的方法對員工進行激勵，領導者與員工始終站在統一戰線。

三欣會系統，就是圍繞這個原則展開。三欣會系統包含了三個欣賞：首先是要欣賞團隊，其次是要欣賞團隊的其他人，最後是欣賞自己。

三欣會系統，目的在於解決企業內部的正能量問題以及員工隔閡問題。在今天的企業內，無論男女員工、新舊員工，都會不同程度地受到推崇個性化的社會思潮影響，更加看重自我感受、個人利益。這既是時代特性，也是企業凝聚力的殺手。如果處理不當，員工個人之間的誤會將成為隔閡，而這種隔閡會迅速擴大到職位之間、部門之間，導致團隊協調水準下降、影響工作業績。

透過引入三欣會系統，能幫助員工更加積極深入地反思自我問題，協調與他人相處合作的關係。在不少企業，學習過三欣會系統後，很多員工流下了真誠的眼淚，意識到自己平常工作中的錯誤，並誠懇地向受其影響的人相互道歉。當然，領導者並不需要用「精神控制」去帶領員工，透過三欣會，可以幫助員工處理好人際關係，在更好的工作環境中成長，這既利於他們自己的成長，也利於企業整體的發展。

三欣會系統的核心是「欣賞」，透過分享、讚揚等多種方式展開精神層面的企業文化提升。相對於晨夕會系統、PK會系統、績效會系統，它的內容更加輕鬆，所以形式上也不必過分拘泥，可以按照企業的實際情況靈活開展。公司條件較好，可以在專屬大型會議室、禮堂藉助聲光多

媒體工具舉辦。如果尚處於創業初期，可以在辦公室舉辦，也可以租用飯店會議室舉辦。

　　一旦企業擁有這樣的員工思維，黃金班底團隊的數量自然越來越大。那麼，我們該如何做好三欣會體系呢？

　　如下是某企業的三欣會流程，企業可以學習、借鑑和參考。

◆ 1. 組織架構

　　(1)講師1人：對各部門和員工都非常熟悉，了解企業內部架構，可以由人力資源部門負責人擔任，也可由領導者親自擔任。

　　(2)主持（兼燈光）1人：主要負責串場工作。

　　(3)音效、影片播放（兼器材）1～2人：進行現場聲光儀器的操作。

◆ 2. 器材準備

　　投影機1臺、筆記型電腦2臺（講師和音效各1臺）、音響一套、蠟燭（15個／組）、蠟燭托盤（2個／組）、筆（1支／人）、白紙（2張／人）。

　　如果企業條件較好，可以酌情根據需求增加其他道具。

◆ 3. 分組

　　(1) 6～10人／組（每組不超過10人，且最熟悉、了解的員工分在一組），最終根據互動、狀態等評出小組第一名和最後一名，分別給予獎勵和成長。

　　(2)明確結束時間和最終收穫到的成果。

◆ 4. 三欣會紀律

(1)手機、走動、聚焦。

活動開始後，要求全體將手機關閉或開啟靜音模式。

活動舉辦中，禁止隨意走動。如果必須暫時離開，應輕聲起身。

如果講臺上有人發言，臺下禁止竊竊私語。

(2)放下：簡單、聽話、照做。

活動中，主持人、領導者的發言應簡潔，將活動焦點交給員工。

如果講臺上發出指令，那麼臺下的員工應聽話照做。

(3)《求求你，表揚我》影片觀看和分享，主持人將現場氣氛朝著讚美、欣賞方面引導。

(4)《愛‧感謝‧水結晶》影片觀看和分享，主持人重點講述該影片中讚美、欣賞的力量。

◆ 5. 三欣會舉辦

選出計時人員：1人／組，保證規定時間內獲得成果。

(1)欣賞自己。

① 講師引發：由講師介紹每一名員工登場，簡要說明其成就。

②2分鐘／人，避免時間過長。

③ 每一名員工各自記錄下最核心的2點，作為本次會議的收穫。會議結束後部門負責人應進行查閱。

(2)欣賞他人。

① 講師引發：講師引導每一名成員登場，簡要說明其成就。

② 不超過5分鐘／人。實際人數，根據小組人數多少而定。

③ 被欣賞者記錄下最核心的3點，在未來的工作中進行學習。會議結束後部門負責人應進行查閱。

(3) 欣賞公司。

① 講師引發：講師講述企業近期獲得的成果。

② 2分鐘／人，避免時間過長。

③ 各自記錄下最核心的2點，作為本次會議的收穫。會議結束後部門負責人應進行查閱。

(4) 全體宣言。

① 寫下欣賞宣言。

格式：大家好，我是×××，聽到看到×××的發言，我感覺×××。我是一個××××××的人。我的×××××××。我的公司×××××××××。我相信在這樣充滿溫情和戰鬥力的公司裡，有團隊的幫助與支持，透過我不懈的努力，一定可以發揮我的價值，實現我的理想！

② 小組內兩兩大聲宣讀。

③ 走出小組找到任意夥伴大聲宣讀。

④ 最後一名小組成員發言，激發整個小組的戰鬥力。

6. 結尾

(1) 每組一名代表分享，2分鐘／人，做總結陳述。

(2) 部門負責人小結，10分鐘內結束發言，要從正能量入手，鼓勵全體員工。

（3）領導者感謝會務人員，尤其不要忽視對器材運輸與擺放人員、清潔人員等的感謝，讓全體看到領導者是一個非常細心的人，即便面對非自家企業的員工，也會做到以禮相待，從而對領導者產生更強的信任感。

（4）播放音樂，宣布三欣會結束。

不同的企業，可以選用更適合自身企業的音樂、公司主題曲等，以此更加符合自身企業的氣質和要求。透過三欣會的舉辦，員工挖掘自己的優勢，看到他人身上值得自己學習、欣賞的方面，並毫不吝嗇地將自己對他人的讚美說出來。

一個優秀的團隊，成員之間是相互信賴、相互學習、相互尊重的，他們善於欣賞自己的夥伴，絕不會吝嗇對同伴的讚美，讓夥伴們都覺得自己是一座待開發的寶藏，有著無窮的力量。透過三欣會，大家開始欣賞自己，重新認識自己、肯定自己。開始欣賞同事，發現大家的優點並汲人所長，改進自己。開始欣賞公司，鼓勵成就、堅定夢想、肯定公司的價值，並願意為之而奮鬥。

06　全員表揚大會系統如何落實

為了讓企業文化落實，讓員工形成更加強烈的歸屬感，管理體系中最後一個系統，就是全員表揚大會。顧名思義，表揚大會系統就是嘉獎、讚美，透過「物質＋精神」的方式真正落實「以人為本」，實踐領導者幫助員工賺錢、幫助員工成長、幫助員工找到信仰之路的信念。

全員表揚大會流程，與三欣會系統流程較為類似，參照三欣會流程即可。與之不同的是：全員表揚會更加著重「現場有儀式感」的表揚，所

以在會議中重點突出的是優秀團隊、優秀員工的獎勵，著力烘托企業獲得的優秀業績，所以在會議上不必提及暫時落後的部門、員工，只要做好「保障、讚美、全員激勵」即可。

◆ 1. 全員表揚大會系統的目的

建設全員表揚大會系統，是為了解決企業內部的文化落實問題以及員工歸屬感問題。

一個員工為什麼沒有歸屬感？因為企業沒有真正將他當成家人，而是將他當成「人力資源」。儘管領導者動輒要求員工如何工作，但在內心，並沒有指望他們愛企如家，進而在現實層面，也沒有在企業裡樹立起標竿式的模範人物。

企業沒有誕生模範人物，或者有，但卻不被欣賞和表揚，那就談不上有真正的企業文化。領導者想要加強員工的積極性，就只剩下談利益。一旦利益的增加滿足不了員工的胃口增加，員工的努力也就會戛然而止。

古人云，上下交征利而國危矣。這句話意思是說，一個國家內部，從上到下都在爭奪利益，那國家就危險了。同樣，在一個企業內，如果員工努力工作、相互協調，都是建立在利益基礎上，那麼這種合作也就不能長久。其原因很簡單，因為人們對金錢、物質的追求是無限的，也是近似的。但企業的文化，卻可以是獨一無二、難以模仿的。如果員工真心接受認同了企業文化，就不會輕易接受其他的企業文化。而這種建立在文化認同上的忠誠，才是員工真正的忠誠。因為他們不是忠誠於利益，不是忠誠於個人，而是忠誠於企業的價值觀。這種忠誠，才是持續而難以改變的。

即便領導者意識到企業文化的重要性，但如果只是將文化寫在紙上，也同樣會無濟於事。因為無論文化在紙上寫得多麼漂亮，最終都無法落實到執行過程中，難以影響員工內心。領導者則會在其過程中，變得越來越累。

很多領導者還是不理解：我的企業確實沒有模範人物啊？怎麼去推出、欣賞和表揚？

我的答案是，沒有模範，不怪員工，而怪領導者。

模範是一種積極進步的精神力量的象徵，激勵著一代又一代年輕人。試想，如果不主動打造模範人物，如果不去欣賞、表揚並引導員工學習和崇拜，又如何帶動產生更多的模範人物？

企業的情況也同樣如此，如果沒有優秀員工，問題就出在領導者沒有主動去利用三欣會、表揚會等體系，去培養、發現、推薦、嘉許和表揚員工。如此一來，員工之間相互比的不是「優秀進步」，而是比誰會「找事」，比誰會「偷懶」，比誰會搞人際關係，可想而知，這樣的環境中，很難誕生優秀的企業文化。

◆ 2. 全員表揚大會的核心要點

進行全員表揚大會，需要注意以下幾點。

（1）活動氛圍隆重。表揚大會的目的，就是要讓優秀員工感到企業的尊重、領導者的喜愛、其他同事的崇拜，這種情感越強烈，就會讓他的滿足感越強烈，對未來越有更加美好的憧憬。

所以，對於表揚大會，一定要讓活動氛圍隆重、熱烈。表揚大會要在一個較為高級的場地舉辦，還要注意現場的搭建，包括LED大螢幕、

音響系統等。當優秀員工沿著紅地毯走上舞臺時，現場響起振奮人心的音樂，大螢幕配合個人簡短影片，這種自豪感、榮譽感將會達到巔峰。

同時，舞臺下的其他員工，也會被這種氛圍感染，為其送上最誠摯的掌聲，並渴望自己也能夠在這樣的氣氛下，成為整個會場的焦點。

(2)主持人全程配合。想要讓活動氛圍濃郁，自然少不了主持人的配合。一個優秀的主持人，會在不同節目進行精彩的串場，保證整場表揚大會始終處於一種激動不斷的狀態。

對於較為重要的全員表揚大會，企業可以聘請專業主持人參與，他們多數經歷過大量的企業活動，懂得如何控場、如何引導情緒、如何在關鍵時講出讓人意外卻又驚喜的話語。將專業的事情交給專業的人，這在表揚大會上同樣適用。

「親愛的各位家人，接下來，我需要向大家宣布一個不太好的消息。我剛剛得知：老闆表示，為了表揚本年度獲得的優秀成績，原本會向所有人發一個紅包。但是……老闆表示，紅包還會發，但現場只有一個人，能獲得更大的臨時福利大獎！只有一個人！現在，幸運轉盤開始啟動了，讓我們一起倒數5秒，看看是誰會成為讓所有人羨慕的幸運員工！」

這種欲揚先抑的表達方式，會立刻抓住全場所有員工的心。一個巧妙的轉折後，所有人意識到更大的驚喜即將到來，現場氣氛被推至巔峰！但是，如果表達非常平淡，只是說出「老闆要抽獎，只有三個人有機會」的話語，那麼對現場就會毫無刺激，原本充滿驚喜的安排沒有獲得應有的效果。

當然，如果企業內部擁有反應能力較強、個性外向、形象氣質俱佳的員工，且有過主持企業會議經驗的員工，那麼從內部培養主持人也是

較好的選擇。

（3）做好現場記錄。全員表揚大會舉辦過程中，還應委派多名員工進行現場記錄。為了保證能夠記錄下現場的熱烈氣氛，對現場記錄員工應該進行工作分配：1人進行大場景的照片拍攝，1人進行領導者的特寫拍攝，1人進行員工的中場景與特寫拍攝，1人進行靈活照片拍攝，1～2人進行影片拍攝。

進行現場記錄的目的，就是進行現場留存，未來這些內容都將作為企業文化的具體內容進行展現。同時，企業應做好相關內容的傳播。全員表揚大會結束的當天，企業社交平臺即可將當天的活動內容進行發表，這樣員工將會進一步加深對企業文化的理解，並主動進行分享傳播，讓企業文化的展現不僅限於一場實體活動，更在網際網路媒體上得以更廣泛的傳播。

（4）做好全員表揚大會的發言。全員表揚大會上，焦點就是那些獲得優秀業績的員工，他們不僅將會接受嘉獎，還將進行演講。一份出色的講稿，不僅可以展現員工的自信，還能夠提升企業所有員工的信心，以優秀員工為榜樣不斷進步。

優秀員工的演講是全員表揚大會上的重中之重，領導者一定不能忽視。我們應該要求優秀員工提前三天撰寫，並提交領導者進行審核、修改。如果是較為重要的表揚大會，還應該進行提前演練，及時發現問題，予以解決，保證員工登臺時的狀態飽滿、情緒激昂。

◆ 2. 全員表揚大會注意事項

為了保證全員表揚大會的順利進行，在會議正式開始前，企業還應做好如下細節準備。

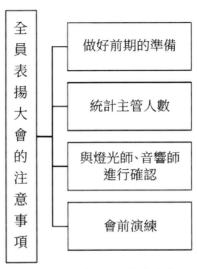

圖 5-4　全員表揚大會的注意事項

（1）做好前期的準備。籌備小組應該與人力資源部門進行密切合作，確認本次表揚大會的規格、頒獎人數和頒獎名稱，提前進行獎牌和證書的製作。為了烘托氣氛，獎牌和證書要盡可能精緻，並按照需求多做出幾個以備用。

（2）統計主管人數。根據主管人數，確定每輪頒獎的嘉賓，並對主管的著裝進行建議。如果頒獎還有禮儀小姐，那麼應提前確認禮儀小姐的人數和服裝，通常以紅色旗袍、黑色高跟鞋為最佳建議。

（3）與燈光師、音響師進行確認。確定每一個節目使用的音樂和燈光效果，保證不會出現與氣氛不符的背景音樂。

（4）會前演練。會前演練的重點，是引導人員如何走動線，如何將主管、員工規範地進入各自的區域。

同時，現場服務人員還應對獎牌、獎狀的拿牌方式進行演練。通常來說，獎牌、證書正面朝前，左手上，右手下。交到主管手裡時，進

行翻轉，讓主管拿牌、證書正面朝前。安排1人，在上臺領獎人員座位邊，指揮上臺。安排2～3人從會場拿出領獎人員放在臺下桌子上的獎牌、證書放回現場服務人員、禮儀小姐所在位置。

（5）領導者的致詞。全員表揚大會的最後，領導者會走上講臺進行致詞。領導者的致詞要內容飽滿、情緒高昂，充滿煽動性，這樣才能讓整場全員表揚大會圓滿落幕。

通常來說，領導者的致詞會由祕書、助理撰寫。領導者拿到初稿後，一定要仔細審核，確認是否詳略得當、重點突出。如果通篇都是辭藻的堆砌，缺少具體資料、未來明確規畫，那麼這份講稿需要重新撰寫。

同時，領導者還應該結合自己的說話風格，親自對講稿進行細節調整。例如，某些詞彙是自己很少使用的，那麼應該尋找自己更習慣、更符合自身表達方式的近義詞、近義句，這樣才能保證講述時更加流暢。

最後，如果領導者能脫稿發言，那麼一定要脫稿。照著稿子念，只會給員工一種「應付」的錯覺。勇於脫稿，領導者在現場會有更多肢體、表情上的發揮，這種情緒傳達比低頭念稿要更激烈、更鼓舞人心。

第六章　六字箴言：
做好團隊 PK，企業才有生命力

在企業內部開展部門 PK、全員 PK，將會大大提升員工的鬥志，形成全員正向競爭、全員不斷進取的極佳氛圍。所以，我們要從眼、耳、鼻、舌、身、意六個方向，塑造企業的全方位 PK 文化。當然，PK 文化需要保持合理的尺度，否則很容易發展成為部門、員工之間的惡性競爭，反而為企業帶來負面影響。從六字箴言入手，建立一套正確的團隊 PK 體系，企業的生命力則會長久不衰。

01　PK 的三大失誤、四大原則與七大標準

PK 的目的，是激發員工鬥志，在企業內部形成積極的正向競爭。但是，很多企業進行 PK 系統設定時，往往會忽視一些基礎問題，導致 PK 沒有達到應有的效果，甚至反而產生負面作用。所以，我們必須了解 PK 的失誤、原則和標準，這樣才能保證它發揮正確的效果。

◆ 1. PK 的三大失誤

企業內部進行 PK，常會陷入如下三個失誤，需要特別注意。

(1)一味讓團隊 PK，卻沒有形成企業從上而下的 PK 氛圍。團隊 PK，從表面上看，是不同團隊、員工之間的直接競爭，但究其本質，還是企業提高整體績效的一種先進方法。任何行銷方法，如果沒有良好的、自上而下形成的氛圍，就只會變成浮光掠影，空有形式而達不到實質性的內容。

（2）領導者不參與，卻讓員工參與。某些企業在之前，也曾進行過類似的 PK 活動。但在這些行銷業績比賽中，領導者本人並不參與，而是只要求員工參與。這種領導者置身事外的態度，導致 PK 適得其反，成了一場領導者坐山觀虎鬥的「遊戲」。在真正的 PK 比賽中，領導者應親身參與，而且必須要接受自己可能「輸」的結果。表面上看，領導者可能會輸，但實際上，贏的卻是企業。

（3）沒有做足觀念傳達工作。企業推進任何一項行銷體制，必須要做足觀念傳達工作。當觀念傳達工作到位後，員工對 PK 的意義理解透澈，對其中價值充分嚮往，並充分期待獲得 PK 的勝利。這樣，他們就會積極參與到業績 PK 中。相反，不做解釋、不做帶動，員工就如同稀裡糊塗被送上戰場的士兵，除了一敗塗地，不會有其他可能。

相對於前兩種情況，第三類失誤對企業的危害性更大。在培訓課程上，我見過這樣的領導者。

姚總在某個培訓課上了解到了 PK 會系統的好處，回到公司後立刻開展全員 PK，部門與部門之間，個人與個人之間必須寫明承諾書，輕則罰款，重則直接開除。

通知一下達，所有人立刻惶惶不可終日。多個中層負責人私下交流，認為這是上面想要開除自己，從外部空降其他人要代替自己的前兆。幾名負責人感覺危機重重，但又不敢直接對峙，所以私下約定進行「虛假 PK」，且對每一名下屬安排同樣虛假的 PK 模式。在這種莫名緊張的氛圍下，最終每一個部門、每一名員工似乎都完成了 PK 要求，但事實上這只不過是為了給姚總看的一個形式罷了。

一開始，姚總並沒有發現其中的問題，反而認為大家都很努力。但是，時間長了，他卻發現，企業的業績不升反跌，同時，企業內部的氣

氛似乎很微妙。

員工見到自己雖然依然禮貌，但是似乎再也沒有人主動找自己去交流工作上的心得。

姚總將這樣的現象告訴了我，我立刻就發現了其「沒有做足觀念傳達」的問題。

為什麼PK系統啟動之前，一定要做好觀念傳達工作？這就像一場戰鬥：為什麼選擇從A點進入戰區，上級一定要讓下級知曉策略規畫，否則，下級將領就無法做好執行，只是不情願地被動接受。

PK系統同樣如此，在開始前讓中層負責人明白為什麼開展PK。爭相競爭是過程，彼此共同進步是目標，實現更大的業績是結果，競爭中彼此交流、學習是積極的訊號。這些內容，中層負責人同樣需要傳達給基層員工，這樣全員才能理解PK的目的。否則，全體陷入惡性競爭的局面，為了達成目標不擇手段，彼此惡意攻擊、惡意製造陷阱，最終的惡果只能由領導者來承擔。

◆ 2. PK的四大原則

想要保證PK產生正面的效果，那麼對PK模式進行設定時，就要遵循如下四大原則。

(1)同級PK。在絕大多數情況下，都要遵循同級PK的原則。例如，部門主管與部門主管之間PK，小組組長與小組組長之間PK，這樣才是合理的PK。

如果不遵循這個原則，隨意選擇PK配對，那麼就會導致PK不在同一個水平線上，PK毫無科學性可言。例如，領導者讓企業核心部門與新組建的部門進行PK，初衷是為了加快新部門的進步，但實際上這種PK

嚴重不平等：核心部門無論資源、經驗都有著先天的優勢，幾乎毫不費力就可戰勝新組建的部門。

在這種情況下，新部門的所有成員會認為這是給自己下馬威，無論怎麼努力也沒有勝算，PK 一開始內部就會形成悲觀的情緒，幾乎所有人都沒有必勝的信心。反觀核心部門，由於彼此力量懸殊過大，該部門完全忽視 PK，只要隨意工作即可勝利，對待工作同樣不會完全投入。

所以，遵循同級 PK，是 PK 模式的第一原則。

(2)不同級 PK。在特殊情況下，企業內部可以開展不同級 PK，但這種情況並不多見，通常只針對特別部門、特別員工、特別業務啟動時才會進行。

例如，領導者發現一名非常具有潛力的員工，且他充滿上進心，願意接受挑戰，那麼這個時候可以安排不同級 PK，要求其與一名有經驗的小組組長進行競爭。

在開始競爭前，領導者還需要與兩個人進行面談，要讓他們理解這種不同級 PK 的目的，否則他們就會認為這是不公平的 PK，產生負面心理。對於有潛力的員工，領導者要對其表示：這是對你一次很有壓力的挑戰，希望你能在這個階段 120% 發揮，以此更加快速地進步。在挑戰的過程中，領導者應對他特別關注，必要時可以提供一定指導，讓他感受到這次 PK 不是沒有勝算，只要自己足夠努力，那麼就會出現奇蹟。這個奇蹟，恰恰也是領導者渴望看到的。

而對於應對方的小組組長，領導者也要向他說明不同級 PK 的意義，不要因為自己經驗豐富、地位較高就輕視對手。積極應對，幫助對手快速成長，那麼這場 PK 就是有價值、有意義的。

（3）部門 PK。部門之間的 PK，同樣是 PK 系統的重點，更是領導者關注的重點。

多數情況下，除了特別員工之外，領導者應關注部門 PK 業績。若將重點放在員工之間的 PK，一方面會造成時間的浪費，另一方面忽視部門 PK，會導致中層負責人的權力架空。原本屬於中層負責人的工作被領導者取代，他們會有一種「自己毫無實權，只是傳話筒」的感受，對待工作的熱情急速下降。

更重要的，則是領導者要具有宏觀觀察企業發展的能力。部門是由個人組成的，個人能力強不代表團隊成績一定優秀，它需要讓每一個人建立團隊思維，才能保證部門業績的提升。所以，領導者要重點關注部門 PK 的成績，發現問題與部門負責人進行溝通，具體細節由部門負責人進行解決，這樣就可以形成自上而下的 PK 體系，各個 PK 有條不紊地進行。

（4）分公司 PK。與部門 PK 類似，如果企業規模較大，具有多個分公司，那麼分公司之間也應展開 PK。作為總公司的領導者，我們不必過多干涉分公司的營運，而是應該與分公司領導者共同討論，分析分公司之間的 PK 成績。

◆ 3. PK 的七大標準

確定了 PK 體系與模式，在 PK 啟動前已經將失誤規避，接下來就要制定更加詳細的 PK 細則。如下這些細則，構成了 PK 的七大標準，在每一次 PK 之前都要進行相應的設定，最後形成完善的 PK 績效。

（1）業績PK。業績PK是重點，為PK雙方劃定最終的業績要求，這是最後進行考核的最主要標準。業績不能達到要求，那麼其他方面無論多出色，也不能認定為勝利。

（2）效能PK。所謂效能，即是指在單位時間內，所使用的資源數量。例如，甲、乙部門都在規定時間內完成了最終的目標，但是甲部門用了更多的人力資源、物力資源，效率與乙相比更低，那麼最終進行判決時應該傾向於乙。

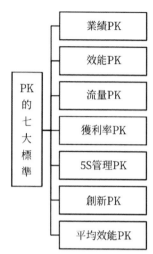

圖6-1　PK的七大標準

（3）流量PK。流量，即是在PK規定的時間內，誰創造的流量更高，誰就有更大的優勢。這種流量，包括了現金流量、產品數量流量等，不同類型的部門，涉及的流量並不相同。所以在考核時，應區別對待，盡可能以核心流量為考核重點。

（4）獲利率PK。獲利率是剩餘價值與全部預付成本的比率，獲利率是剩餘價值率的轉化形式，是同一剩餘價值量不同的方法計算出來的另一種比率。如以p代表獲利率，C代表全部預付成本（c＋v），那麼獲利率 $p = m/C = m/(c+v)$。

對於PK雙方，領導者應指定第三方部門或個人進行獲利率的計算。誰的獲利率高，那麼自然獲勝的比例更高。

（5）5S管理PK。該標準的PK，主要是針對部門主管，在業績考核的基礎上，引入5S管理。5S即整理（Seiri ／ Sort）、整頓（Seiton ／ Set in order）、清掃（Seiso ／ Shine）、清潔（Seiketsu ／ Standardize）、素養（Shitsuke ／ Sustain），又被稱為「五常法則」，它分別對應的是物料儲備管理、物料狀態管理、現場制度管理、現場環境管理、個人素養管理，

可以有效判斷部門是否建立了合理、科學的管理體系。

5S管理PK非常重要，它關注的不只是一次專案的最終結果，而是考核一個部門是否具有完善的規章制度，具有長效性管理的特點。如果PK的一方雖然業績獲勝，但是5S管理非常混亂，不具備長期勝利的可能性，那麼評價應適當降低。

（6）創新PK。即為在工作中展現的創新思維，包括思路上的創新、管理上的創新、產品設計上的創新、業務模式上的創新等。創新並不一定決定最終就會業績勝利，但是這代表了部門或個人主動探索求變的態度，所以適當上調高評價。

（7）平均效能PK。它主要針對部門之間的PK。平均效能越高，意味著團隊內部每一個成員的能力發揮越突出，具有競爭優勢。通常來說，平均效能越高的團隊，往往最終獲得勝利的可能性越大，所以它也是最終評價的重要參考指標。

基於以上這些標準，對PK結果進行考核時，我們要針對不同方面進行不同的加權，這樣PK考核才更加嚴謹、可靠。如表6-1所示，這是某企業的績效考核標準，我們可以按照自身企業的特點進行細部調整。

表 6-1　績效考核表

被考評人		部門		職務	
考評人		考評時間			
考核項目	細分指標	權重（分）	指標具體內容及定義		考核評價得分
專業知識與技能（20分）	專業知識	10	掌握從事職位的專業知識（基礎知識、業務知識、相關知識）		
	專業技能	10	掌握從事職位的專業技能		

考核項目	細分指標	權重（分）	指標具體內容及定義	考核評價得分
業務技能（25分）	分析判斷與應變能力	4	能對複雜的問題進行正確判斷，處理工作事物機敏靈活，並能在自己職權範圍內迅速準確地對多種備選行動方案進行評價，並做出最終決定	
	問題解決能力	4	根據現場的突發事件，能夠從多方面進行分析，找出故障原因，從而解決問題	
	執行能力	5	對上級的命令、下達的計畫、布達的工作及時貫徹執行，並及時覆命	
	創新能力	4	在處理工作事務時，運用新思維、新方法提高工作效率和效益	
	表達及溝通能力	4	能清楚、完整地向對方充分說明及表達自己的想法而使其理解，並能聆聽及尊重對方的意見	
	協調及人際關係能力	4	作為企業的一員，能夠自覺地與企業內其他成員保持良好合作關係，熱情協助他人的工作，積極參加公司及部門內部的各種活動，維護良好的同事關係	

考核項目	細分指標	權重 (分)	指標具體 內容及定義	考核 評價 得分
品格與態度 (20分)	道德品格	4	誠實正直、以身作則、克己奉公、樂於助人	
	忠誠度	2	對公司忠誠的程度及愛護公司的行為	
	責任感	2	充分理解自己的責任和義務，不迴避責任，在期限內完成上級交付工作，以主人翁的態度去完成工作	
	進取心	2	學習努力，時刻向上，不斷提高和完善自己	
	紀律性	2	理解和遵守公司的各項規章制度，服從上級的指示和命令，出勤率高	
	自信心	2	對工作目標以及自己的決定充滿信心	
	工作熱情	2	工作積極主動，經常願意挑戰艱難性工作	
	吃苦耐勞	2	在工作中不怕苦、不怕累	
	合作精神	2	在自身部門內和相關部門與同事相互配合及合作的態度	

考核項目	細分指標	權重 (分)	指標具體內容及定義		考核評 價得分
工作績效 （35分）	目標達成度	15	工作目標達成情況		
	工作量	10	如期完成工作任務量		
	工作品質	5	工作效率高且完成品質高		
	客戶滿意度	5	根據客戶意見回饋		
出勤狀況	出勤天數：＿＿＿＿天。 遲到、早退：＿＿＿＿天。 曠職：＿＿＿＿天。 事假：＿＿＿＿天。 病假：＿＿＿＿天。				
總經理			部門 負責人		總分值

◆ 4. PK 會的引領意義

PK 會的引領意義，其實也展現出六大會議系統的價值。

（1）打造團隊的 PK 文化，現場落實流量系統。只有內部充分競爭，形成團隊整體你追我趕的氛圍，才能產生積極的推動力量，讓員工不僅為自己工作，更是為其所在的企業工作。

透過專業顧問導師在企業的門市店面現場，指導客戶量的獲得、轉化和變現過程，重點提升企業內部團隊對市場的掌控力道。

流量系統是 PK 會得以高效能執行的基礎，主要包括流量、儲值卡、消費等落實方案。這些方案分別對應行銷的各大過程，由專業導師團隊上門提供系統的解決思路，而企業團隊則需要嚴格執行這些思路，學習如何吸引客戶上門、儲值和消費的關鍵步驟，在此基礎上進行有效 PK。

透過這一系統和 PK 會的共同落實，企業不僅能獲得行銷活動利潤的迅速提升，還能學到最適合自身的行銷思維，以此激勵員工。

（2）傳遞企業正能量，解決內耗問題。毋庸諱言，許多企業存在著內耗問題，尤其是女性員工居多的企業，很容易因為日常工作中的細節矛盾埋下人際關係問題的伏筆，導致工作能量的不斷內耗。

當然，這一觀點並沒有任何歧視女性的意識，而是因為女性特質決定了她們會更加心細、感性，既容易協同作戰，也容易產生誤會。一旦領導者失去了應有的掌控力，就會帶來長遠的內耗隱患。

事實上，男性員工也同樣存在類似問題的可能。因此，領導者必須懂得如何建立企業的正能量系統，隨時對企業內耗苗頭加以扼殺。

透過 PK 會議引導和支援下的六大系統，企業全員將在專業管理顧問機構的指導下，利用管理工具的爬梳和匯入，統一員工思想、明確目標、找到方法、增加流量，最終形成正能量的積極傳遞和循環。

02　眼：隨處可見PK的景象與畫面

想要打造企業內部的 PK 文化，首先要從「眼」做文章，讓員工一進入公司就能看到 PK 的景象和畫面，從視覺上激發 PK 的欲望和鬥志。

我曾去過很多企業，在其公司牆上，我看不到 PK 因素。有的懸掛產品介紹，有的懸掛優秀員工介紹，但這些只能屬於對外的廣告，卻談不上是 PK 氛圍。員工身處在這樣的環境中，眼睛受不到刺激，思想也受不到衝擊。

我公司將每個月業績優秀員工的照片影印 50 多張，懸掛在公司各辦公室，讓所有人在工作過程中，隨時都能接受來自優秀員工的壓力和號

召力。不僅如此，我們還將他們的照片寄送到分公司，要求分公司也懸掛。這種環境塑造，刺激了普通員工的「眼」，也讓優秀員工備受感動。

如果這些優秀員工下個月無法保持成績，輸掉PK，我們就會當著他們的面，換上新的冠軍照片。這樣，PK系統就轉化成直接形象的視覺系統，隨時影響和帶動員工。

企業該如何行動，才能打造隨處可見的PK景象與畫面？

◆ 1. PK板塑造企業PK文化

PK板，即為張貼於辦公環境中的公告板，主要以背景的形式進行展現。

PK板可以直接地傳達企業PK文化，讓每一個走進工作環境的員工無時無刻不感受到競爭的存在。

通常來說，PK板應設置於辦公環境內的明顯位置，部門內部的PK板應該設置在工廠、辦公室的牆壁之上，盡可能地靠近門口，當員工進出之時都會看到。部門與部門之間的PK板，則應在部門負責人的辦公室內明顯位置擺放，時刻提醒部門負責人關注PK的內容。

PK板上，應該將具體的PK資訊進行公告，精準到每一個部門、每一個人的身上。PK板應該以月、週、日為單位，每天下班後由專人進行填寫，保證資料的精準。這種動態變化的PK內容，會為部門、員工每天都帶來動力與激勵，確保部門、員工始終保持著積極的進取心態投入到工作中。

◆ 2. 有計畫性的辦公區設置

為了提升PK的效果，企業可以對辦公區進行適當調整，將互相PK的部門、個人盡可能安排得較近，但又不要絕對緊鄰。這樣做的目的有

兩個方面：一方可以很輕鬆地看到另外一方奮鬥的場景，因而督促自己也必須投入到工作中，否則很容易被對方甩開。不絕對緊鄰，則是為了降低不必要的矛盾和摩擦。如果部門、個人之間緊鄰，一旦競爭的過程中出現些許摩擦，很有可能導致雙方產生激烈的爭執。所以，適當的間隔，會為雙方帶來一定緩衝，既保持競爭，又不會產生敵對。

◆ 3. 設置文化牆，定期更新工作動態

辦公區內部還可以設置照片牆，它的主要作用是展現每一個部門、員工的工作狀態。要將員工工作狀態投入的照片作為第一選擇，張貼於照片牆上。

通常，照片牆的照片更新時間以一個月為宜，盡可能兼顧到每一名員工，既有大場景的全體工作照，也有每一名員工的特寫工作照。每一名員工經過照片牆時，就會看到自己工作的狀態，以及 PK 對手的狀態，從而進行比較和調整，始終保持最佳狀態。

需要注意的是：照片牆的目的在於傳播企業文化，進行 PK 景象傳播僅僅是其中之一的功能。同時，企業鼓勵 PK 但不要過分刻意強調 PK 以免讓部門負責人、員工的心態產生焦慮，出現不當競爭的心理，所以在照片牆上我們不必突出 PK 這樣的字眼。展現部門、員工真實的工作狀態，他們就會自動產生積極競爭的心態，過於強調 PK 反而會產生副作用。

◆ 4. 晨夕會的帶動與號召

晨夕會的作用我們已經了解，那麼在晨夕會上就要將 PK 文化引入。每天的晨夕會每個人用簡短的話語說明自己當日的工作完成量、接下來的工作規畫，這樣 PK 的雙方就會仔細聆聽對方的計畫，並與自己的規畫

做對比，確認是否已經落後。

　　如上這幾種方式，都會打造隨處可見的 PK 景象與畫面，我們不妨靈活借鑑。當然，不要為了 PK 而刻意製造部門、員工之間的對立。例如，某些領導者喜歡用指桑罵槐的方式批評 A 部門負責人，但事實上卻是說給 B 部門負責人聽，這種看似「有技巧」的方式反而會造成兩個部門的負責人互相認為是對方找自己麻煩，從競爭轉化為敵對。PK 的內容，始終要圍繞工作展開，不要超過這個尺度，讓整個企業處於一種劍拔弩張的氛圍之中，那樣反而會打破原本和諧的企業文化。

03　耳：隨處可聞 PK 的景象與畫面

　　聲音，同樣也是塑造氛圍的方式之一。所以對於團隊 PK，也要做好「耳」字的探索，打造隨處可聞的 PK 景象與畫面，讓員工進入公司，即可聽到工作的聲音和 PK 的聲音。

　　員工進入企業，就要能聽見團隊工作的狀態以及 PK 的聲音。很多企業的辦公室，總是「這裡的黎明靜悄悄」。走進去，彷彿是走進了學術機構。從企業成立初期開始，我們就在辦公室安置一面鼓，隨著發展壯大，這面鼓越來越大。只要有員工出單，他就會打響這面戰鼓，隨著喜慶而奔放的節奏，形成熱烈的集體儀式，讓所有人為之感染。

　　除此之外，我們的晨讀儀式，也會帶給員工獨特的「聽覺」刺激，讓他們每天走進企業後，都能沉浸在濃烈的情緒氛圍中，感受到日常出單的鼓勵。

　　相對於「眼」，「耳」的傳播並沒有那麼強烈的視覺衝擊，所以我們要採用如下這些巧妙的方法，做好團隊 PK 文化建設。

◆ 1. 上班與下班時的音樂渲染

音樂最具感染力，所以在上班和下班時，企業應該播放相應的音樂進行情緒傳達。例如上班時，我們可以播放鏗鏘有力的流行音樂，如〈愛拚才會贏〉、〈我相信〉這樣的正能量音樂，具有很熱血沸騰的情緒感染力。清晨各部門員工就位後，聽到這樣的音樂自然會產生奮鬥、競爭的能量。

下班時，我們可以播放較為溫柔但又充滿能量的流行音樂，如〈倔強〉、〈蝸牛〉等音樂，這些音樂的節奏並不激烈，有助於員工舒緩一天的疲勞，將緊張的精神適當舒緩。但它們的主題卻是積極向上、不斷奮鬥的，所以依然會對全體帶來振奮人心的效果。

◆ 2. 用口號進行 PK 的傳播

很多企業的晨夕會上，都會有喊口號的安排，這也是進行 PK 文化聲音傳播的途徑。如下這幾種口號，都將 PK 的理念植入其中，全體一起喊出聲、一起聆聽，就會產生振奮人心的效果。

努力就能成功，堅持確保勝利！

少對自己洩氣，多給自己鼓勵！

我要時常微笑，面對周遭一切！

一鼓作氣，挑戰佳績！

發光並非太陽的專利，我也可以發光！

相信自己不能，就是故意使自己無能的手段！

拚命衝到底，再努一把力，努力再努力，人人創佳績！

成功絕不容易，還要加倍努力！

我打拚，我精彩，我奮鬥，我幸福！

全力以赴，矢志不渝。堅持出勤，專業提升！

今天付出，明天收穫，全力以赴，事業輝煌！

要有信心，人永遠不會挫敗！

追求卓越，挑戰自我。全力以赴，目標達成！

失敗與挫折只是暫時的，成功已不會太遙遠！

拚命衝到底，努力再努力！

勇於競爭，善於競爭，贏得競爭！

別想一下造出大海，必須先由小河川開始！

成功是我的志向，卓越是我的追求！

精神成就事業，態度決定一切！

摒棄僥倖之念，必取百鍊成鋼；厚積分秒之功，始得一鳴驚人！

這一秒不放棄，下一秒就會有希望！

寒冬可以沒有陽光，酷暑可以沒有陰涼，人生不能沒有夢想和方向！

相信自己，走自己的路，讓別人無路可走！

我要為我自己加油，力爭上游，永不停息！

歷經一番血淚苦，敢教自我換新顏！

流血流汗不流淚，掉皮掉肉不掉隊！

誰英雄，誰好漢，比一比，看一看！

類似的口號還有很多，我們應該結合企業自身文化的特點，提出專屬企業的 PK 口號，以此為每一名員工帶來強而有力的激勵。

◆ 3. 固定的廣播美文分享

部分企業設置了內部的廣播平臺，可以在企業內進行廣播播放，企業不妨藉助這一管道，進行企業PK的渲染。例如，每月月底，透過內部廣播播報本月部門PK的成績，以此激發各個部門的鬥志。還可以每週五下班前，分享一篇關於奮鬥、競爭的文章。企業應專門開設一個「廣播休息時間」，這期間全員可以放下手頭工作聆聽廣播內容，在文藝中感受到PK的意義和價值。

04　鼻與舌：打造企業的家庭化氛圍

鼻與舌，對應的是嗅覺與味覺。相對於視覺、聽覺，它是一種抽象的感受，並非具象的畫面或聲音。企業管理系統中，同樣具有鼻與舌的效應，那就是「氛圍」。

領導者必須擅長打造企業的家庭化氛圍。人們喜歡家庭，是因為家庭有愛、有感恩、有彼此的關懷和支持，能讓其中每個人從鼻到舌，都體會到溫暖。企業如果想要建立強大的PK氛圍，就要強調「鼻舌」效應，讓員工感到這裡就是自己的家。

如果員工需要加班，那麼提前去預訂外送、水果的，一定要是領導者。

如果員工生病，第一個走進病房慰問的，也一定要是領導者。

企業只有以家庭化為基礎，以感情為連繫，打造愛、感恩和奉獻，才能去推動激烈的內部競爭。如果一味強調紀律、責任、競爭，不僅員工自身壓力過大難以承受，領導者實際上也不可能持續保持這種狀態。

我們提倡團隊PK，但前提是：它建立在家庭化的氛圍之中，而非敵我雙方。

就像我們會與自己的兄弟姐妹比廚藝、比成績，但不會因為成績的高低而翻臉，因為我們是一家人。

團隊 PK 同樣如此，如果沒有家庭化氛圍，那麼提倡 PK 就會讓部門之間、員工之間成為仇人。企業需要建立一種帶有家庭氣味的氛圍，走進企業可以品嘗到家庭的溫馨、聞到家庭的暖意，帶著一種積極互動的心態去 PK 和競爭，這樣才能建構有生命力的家庭化企業。

◆ 1. 領導者要做好「家長」

絕大多數企業，是擁有三種角色，決策層（領導者與高階主管）、管理層（部門負責人）與普通員工，就像一個家庭。每一個角色，負責的工作不同，所以承擔的責任也不盡相同。

處於決策層，領導者和其他高階主管具有很強的企業影響力，一舉一動都會為企業文化帶來改變，其行為非常容易被模仿，行為方式往往成為下層員工的榜樣。

在日本訪問時，不少日本中小型企業讓我留下了深刻的印象。這些企業的社長往往會比員工每天更早來到公司，他們做的第一件事不是把自己關在辦公室裡，而是早早站在門口迎候員工，認真地向每一位上班的員工打招呼、問好。

即使是對遲到的員工，也不會聲色俱厲地批評或訓斥，反而會問：「今天是不是家裡出了什麼事情？如果有什麼困難請講出來，公司會為你解決問題！」

也許這不過只是一句寒暄，但是卻讓員工感到了家庭般的溫暖。對於企業的家庭化氛圍塑造，日本企業可以說是獨一無二的，員工結婚、生子或有喪事時，總能得到企業送的一份禮物和企業老闆親筆簽名的慰

問信。如果是團隊小組做出了成績，企業除了對員工進行表揚獎勵外，還要向其家人表示祝賀、致謝。「親如一家」，這是不少日本企業的經營座右銘，這就是為什麼很多日本企業規模也許不大，但是經營時間長達百年的原因之一。很多人都在解析「為什麼百年老字號企業日本最多」，卻都忽視了一個重要的原因：家庭化氛圍，是關鍵中的關鍵。

領導者可以做好「家長」的職責，讓員工感受到溫暖，他們就必須思考：如果由我生產的產品不合格，那麼就會給整個家庭帶來危機，這不是我想要的。所以，他們會帶著誠意、愛心去工作，會與其他同事進行比賽，看誰最優秀，對工作不僅僅是為了養家餬口，更產生了對待家庭一樣的責任心。這樣一來，他們對工作的熱情和興趣就會始終居高不下，在工作中不斷發現改善的技巧，從內心忠於企業。

這種家長式的關懷，可以讓基層員工感受到溫馨，所以PK的情緒始終在合理範圍內。領導者必須做好這些工作，例如，管理層可以在部門會議結束之後，專案總結之餘，進行部門範圍聚餐、小酌，既可以延續活動氣氛，保持近距離的溝通，又拉近了彼此感情，親情的感覺油然而生。員工對企業產生如家庭一般的信賴，那麼企業的生命力就會更加頑強。

◆ 2. 學會化解員工之間的矛盾

領導者必須如父母一般，看到兄弟姐妹之間出現矛盾，要第一時間進行化解，透過合理的方式讓彼此重新恢復相親相愛的關係。

企業引入PK模式，可能會造成一些矛盾，尤其是部門負責人之間。他們承上啟下，既要接受領導者的指示，同時還要管理一個團隊，自然壓力頗大。一旦與其他部門PK時處於落後的位置，往往會有些心浮氣躁，因此不免與對手產生爭論、隔閡。

這樣的現象，是企業發展過程中不可迴避的。領導者一旦發現要立刻著手解決，與部門負責人進行交流，一面批評，一面安撫，不袒護任何一方。這種批評，應該是私下的，而不是在公開場合進行，解開心中糾結才是第一目的。

例如，領導者發現 A 部門負責人的怨氣頗大，那麼不妨將 A 部門負責人叫到辦公室，讓他說出內心的真實想法。隨後，領導者還應與 B 部門的負責人進行交流，尋找兩人之間的矛盾在哪裡。接下來，老闆可以在下班之後邀請兩人一起到家中用餐，在飯桌上用一種輕鬆的氛圍化解 A 部門負責人的心結，並引導 B 部門負責人做出解釋。在這種氛圍之中，不妨一起小酌，推杯換盞之間解開內心的矛盾，部門負責人打開心扉，親情感覺油然而生，原有矛盾也會蕩然無存。

同樣，這樣的方法也應在部門負責人上使用。發現員工之間因為 PK 而出現矛盾，要及時介入進行溝通。這就要求負責人必須時刻關注員工的動態和心態，盡可能在發現苗頭時就及時解決，進行事前處理，這才是未雨綢繆，防患於未然的上上策。如果可以做到這一點，那麼企業自然會被濃厚的家庭化氛圍包圍，PK 模式也會在健康的環境中發揮作用。

◆ 3. PK 的背後，是容錯文化

團隊 PK 的目的，是激勵每個部門、個人爆發出最大的潛力。但是，PK 絕不是為了找出「失敗的一方」，對其進行處罰，否則就會出現本末倒置。

有不少企業經營者曾向我說過，他們將 PK 模式引入企業管理，一開始效果明顯，但三個月後往往問題頗多，甚至還會產生負面影響，核心員工流失。他們引入 PK 模式，無一例外都有這樣一個現象：對待失敗的

團隊或個人採用非常嚴厲的處罰模式，輕則扣除當月獎金，重則直接調離職位，更有甚者還會在員工大會上進行公開批評。

如果你的企業同樣存在這種現象，那麼請立刻停止。

PK當然需要分出勝負，但是它的目的是「正向激勵」，而不是據此「無情打擊」。所以，建立PK模式的同時，更要建立「容錯文化」。如果企業不能容錯，只強調整齊劃一的紀律，不允許員工失敗，那麼員工就不可能成長。對於企業、領導者，他們的恐懼心理是遠遠大於依賴心理的。

我們該如何做，才能在PK體系之下，同時建立容錯文化？

首先，是領導者要正確對待PK，對於失敗的一方不急於立刻批評，而是應該讓其說明原因，並和他一起糾正問題、提出建議，在下一次的PK中進行優化調整。一、兩次做不好，以後再試，慢慢提高水準。我們要關注的是態度和工作思路，如果這兩個方面沒有問題，那麼不妨讓其暫時離開PK模式，待一些工作技巧得以優化後再進行。態度端正的員工，如果總是遭遇失敗，反而會對自信心帶來影響。尤其是剛入職的員工，他們知識、經驗不足，這個時候出錯是正常現象，「上手即創造奇蹟」反而有悖常理。

當然，如果連續PK失敗的員工，身上明顯出現對待工作態度不積極的現象，在經過交流後依然沒有改進，應立刻將其調離職位、開除。我們的容錯文化，針對的是與老闆、企業一條心的員工。

其次，正確認識KPI考核。KPI是衡量部門、個人業務是否達標的唯一指標，但是不等於我們必須「唯KPI論」。一個正在培育龐大價值的新業務團隊，它的KPI很可能非常差，在相當一段時間裡，有很大的機率是處在「虧損」狀態。因為這個團隊面對的業務是未知的，是前所未有

的，整個團隊需要不斷創新才有可能找到正確的路。在短期內，他們必然需要多次犯錯，才能逐漸走上正軌。恰恰就是因為有了那些錯誤，並將其拋棄，團隊最終才會找到正確的方向。因此，對於正在進行創新探索的團隊、個人，領導者應該降低他們的 PK 標準，給予他們較為充分的探索時間。他們甚至可以暫時不參與 PK，以保證他們有耐心和精力去犯錯，待結果逐漸明朗後再啟動 PK 模式。

最後，領導者和其他企業高層還要建立正確的 KPI 考核模式。有一項重要制度就是「評議制」，非常值得我們學習。中層負責人是需要評議的，把這個人一年的各方面表現、業績拿出來，由上級領導者進行討論。簡而言之，對於中層負責人的評價，KPI 只是一個參考而不是結論，公司給予中層負責人一定的容錯空間，這樣他才可能不斷進步，而不是被毫無人情味的 KPI 考核嚇壞、擊倒。

◆ 4. 正確認識 PK 文化

PK 文化會為企業帶來正向的刺激，但是領導者要明白，PK 文化必須適度。

在不少企業中，我都發現這樣一個現象：只要贏得 PK，那麼就會獲得大量的物質獎勵。這種模式背後的危機同樣非常明顯。部門、員工「唯物質刺激論」，只要某一次 PK 的獎勵比上一次要低，那麼鬥志就會明顯下滑，認為過少的獎勵讓自己提不起興趣。

同時，PK 文化帶來的「高績效導向」，還會導致企業內部的人事關係緊張。

尤其是只有末尾淘汰的企業，人人危機四伏、壓力重大，不要說與其他人合作，就連最基本的交流都有可能出現摩擦。因為，這種競爭是

零和賽局，自己的成功必然要建立在別人的失敗上。這種嚴重扭曲的「極端文化」，導致部門、員工不僅攻擊對手，還會攻擊自己的夥伴。

所以，企業必須建立高績效和適度競爭相平衡的價值導向和文化氛圍，培育良性競爭，緩和企業內部的競爭關係。尤其對於領導者，要建立正確的價值觀評價，可以物質獎勵，但是絕不是無底線的物質獎勵。

當領導者能夠做好以上這些，為員工帶來一種家庭的溫暖，那麼他們就會如親兄弟一般你追我趕、共同進步，看到對方出現問題還會主動糾正、輔導，而不是如仇人一般殺紅眼睛，毫無底線！

有人曾說過：「氛圍也是一種寶貴的管理資源，只有氛圍才會普及到大多數人，才會形成宏大的具有相同價值觀與駕馭能力的管理者團隊，才能在大規模的範圍內，共同推動企業進步，而不是相互抵消。」企業應該是一個大家族，彼此相互依賴又相互競爭，保證每一個人都不會掉隊，這才有對外的實力。這就是管理的最高智慧，打造內部的家庭化氛圍，實現正向 PK，才能戰無不勝。

05　身：讓團隊在身體上找到 PK 的感覺

身體，同樣也是傳達情緒的載體。做好團隊 PK，同樣要在身體上做文章。透過引導員工在身體上找到 PK 的感覺，才能讓他們身體力行參與競爭中。

例如，企業在開會、喊口號過程中，運用的是「身」。員工未能完成任務，主動兌現承諾、接受「懲罰」，運用的也是「身」。當員工用身體動作，去感受競爭的樂趣，面對競爭的壓力，他們才會對 PK 產生直接印象。

我曾經運用過一種「懲罰」方式，即要求員工脫下鞋子，穿著襪子站在桌上，打電話給客戶。除非完成日 PK 任務，才能從桌上下來。這是我從電影《春風化雨》(*Dead Poets Society*) 裡學來的。員工對這種形式的「懲罰」並不排斥，反而樂在其中，因為他們知道，這些超出常規的身體活動體驗，只是為了引導他們加強全心全意參與競爭的方式。只有適應這些，記住這些，他們才會有更強的動力去面對 PK 壓力。

　　值得一提的是，領導者也應該參與到這種「身體力行」中。有領導者曾經多次陪同團隊吃過苦瓜，不僅吃，而且比員工吃得多，甚至連苦瓜籽都吃。表面上看，這個團隊雖然輸掉了本次 PK，但作為領導者，卻贏得了整個團隊。如果團隊員工沒有完成任務，輸掉 PK，第一個接受懲罰的必須是團隊領導者。

　　對「身」因素的開發，只要是有利於員工成長，在自願自發和不違背法律法規、社會道德的基礎上，還可以有更多執行思路。這一因素在 PK 中的重要意義，展現於如下方面。

◆ 1. 晨夕會上的身體語言

　　晨夕會，是每天、每週、每月最重要的會議之一，在這個會議上最忌諱的情況就是所有人呆若木雞，只有領導者一個人喋喋不休。

　　成功的晨夕會，必須傳達出振奮人心的力量，包括口號在內，目的就是讓員工正視工作，正視 PK，帶著奮鬥的決心迎接挑戰。

　　所以，晨夕會必須熱烈，甚至有一些誇張。如果每一名員工在自己發言時可以做出握拳頭、用力點頭的姿態，這就表示他的情緒已經被點燃，用身體語言做出了表率。當所有人在晨夕會上都呈現出一種熱情奔放、斬釘截鐵的姿態語言，那麼就表示整個團隊都信心滿滿，願意迎接

挑戰！即便晨夕會一開始有些走神、萎靡的員工，看到其他人的振奮人心，也會受其感染，主動加入。

所以，召開晨夕會時，無論領導者還是部門負責人，都要積極提高員工的情緒，自己要行動起來。尤其說到重點內容時，可以用略顯誇張的動作和語氣，表達出內心強烈的情緒。領導者可以先「動起來」，那麼員工就不會受約束。

◆ 2. 同事彼此之間的互動

互動，也可以傳達情感。尤其當雙方做出約定後的姿態，更容易激發人的鬥志，朝著目標相互競賽。

所以，當 PK 對手、PK 標準確定後，約戰的雙方一定要做出姿態上的「PK」。

例如，在 PK 會上，A 部門預定與 B 部門在下個月展開競爭，這個時候 A 部門負責人應該與 B 部門負責人先相互握手或擁抱，表示雙方已經接受挑戰，且是在一種相互尊重的心態下進行的。接下來，雙方部門負責人可以做出一個「相互拳擊」的姿勢，意味著 PK 從這一刻正式拉開帷幕！

這些行動，都是一種「儀式感」。儀式感本身並沒有太大意義，即便雙方假裝揮拳，也不意味著就是要你死我活。但是，它卻可以向其他人傳達一個明確的訊號：接下來的 PK 不是兒戲，雙方一定會為了各自的目標全力出戰。當領導者做出這樣的姿態，就會被部門員工看在眼中、記在心裡，燃起奮鬥的決心。

同樣，這樣的「儀式感」行為，也要在員工與員工之間展開。呈現出必勝的決心，對方給予相同的姿勢反擊，那麼接下來的 PK 必然異常激烈。

◆ 3. 領導者的身體語言

為了讓團隊理解、認同企業開展的 PK 文化，領導者自己也不能只是「局外人」，只看員工的 PK。在布達任務的階段，領導者也應用自己的姿態、話語等，參與到 PK 活動之中。

培訓課程中，有一名已經畢業的學員，就採用了非常好的方法，加入員工的 PK 之中，非常值得學習。

馬總每次在 PK 會議結束前，都會主動走上講臺，大聲地說：「新的 PK 已經開始，希望大家加足馬力，獲得最終勝利！我也不可例外，我的對手，就是我自己！上個月我個人的業績是×××××，那麼本月我的個人業績 PK 指標為×××××！同時，我還有更多的挑戰內容。上個月我的體重是 85 公斤，這個月要挑戰 83 公斤！」

說罷，馬總會讓祕書拿出一個與自己真人一樣大小的立牌，並與它假裝擁抱、握手。最後，馬總會將自己的 PK 挑戰書向全體員工展示，每次這都是 PK 會議上員工最樂意看到的部分。

馬總這樣做，目的有兩個：一是參與到 PK 活動中，且對手就是自己，要讓員工看到即便身為領導者，同樣需要對業績進行挑戰，做出表率作用。二是透過這種幽默的方式，化解 PK 活動帶來的緊張感和壓力感，盡可能讓員工用一種合作的心態去競爭。這種模式非常值得推廣，所有領導者都應該積極學習。

06　意：做足團隊的觀念傳達工作

從視覺上、聽覺上、文化上、行為上，我們已經讓員工感受到了 PK 模式的氛圍，他們能夠投入到 PK 活動之中。但是還有一個重點不容忽

視，且它的重要性甚至要超過前面的內容，那就是「意」。

　　所謂「意」，即為從理解到行動的過程。沒有理解，那麼行動只是被動地接受要求，對這種要求甚至還會抱有敵對情緒，只是因為老闆做出了任務罷了。只有理解了PK的價值和意義，才能真正做好與其他部門、同事之間的相互競爭。

　　同樣，如果只有理解卻不行動，那麼PK活動就是空中樓閣，沒有存在的價值。很多企業都有這樣的問題：PK會上大家熱情飽滿，但不過兩天，似乎就沒有人記得這件事情，到了PK截止日，所有部門、個人的成績都不好看，沒有人能夠完成目標。

　　開發「意」這一因素，意味著領導者要在PK過程中，做足觀念傳達工作，使員工發自內心願意接受PK、挑戰PK、贏得PK。幫助員工意識到，PK不是讓他們感受到工作的困難，而是讓他們從工作中找到更多樂趣，認識到更好的自己。

　　想要打通「意」的層面，實現從思維到行動的統一，最好的方法就是定期開觀念宣導會，讓全體建立正確的價值觀，並立刻落實在行動之上。

◆ 1. 願意聆聽員工的意見

　　想要員工樂於接受PK競賽，首先就要尊重員工，願意聽他們的意見，讓他們對於PK的想法得到表達。每一名員工都是一個個體，都是「自然人」、「社會人」，他們都有獨特的個人特質、家庭背景、專業知識、教育程度、發展潛質和心理情感。忽視員工的意見，那麼他們也不可能理解PK的意義。

　　在PK會議上，宣布PK計畫後，接下來領導者應將發言權交給員

工，讓他們進行提問，並且做出精準的解答。例如，員工不理解 PK 的意義，那麼領導者就要從大局入手，最終落腳於個人身上，讓員工明白 PK 不僅對於企業，對於自己也是一個很好的進步過程。

再如，如果員工對於 PK 的目標有一定疑惑，那麼部門負責人就要從實際入手，說明為什麼要制定這個標準，並結合員工本人的特點、能力，對其進行正向激勵。

在做到這兩點基礎上，領導者還要聽取員工更多的意見。例如，員工覺得自己的對手不合適、覺得 PK 標準有偏差等。不要著急打斷他，讓他發言結束後再進行更加仔細的討論，並對目標進行調整。要讓員工暢所欲言，要讓對方勇於說出「心裡話」，而不是假話、空話、奉承話。能夠聽取員工意見，宣導會才是有價值、有意義的，員工認為領導者可以依靠，企業有一種家的味道，願意執行領導者布達的任務。

觀念宣導會的目的，就是讓員工理解 PK 競賽的基礎上，尊重員工的意見。

對員工的尊重，就是對他「個人價值」的肯定。當員工在宣導會上得到了領導者的尊重，並透過問答的方式解決了內心的疑惑，那麼他們就不再對 PK 競賽抱有排斥的想法，而是帶著熱情走上「戰場」。

◆ 2. 堅持「每個員工都很重要」認同原則

有的企業開展 PK 活動時，往往只是針對幾個重點部門、員工布達任務，這樣做只會導致其他員工對企業的向心力不強，即便偶爾替自己安排了 PK 競賽，也沒有很強烈的積極性。在他們看來：「領導者眼中那些人才是重要的，我是可有可無的工具人，沒必要投入到 PK 裡。」

在觀念宣導會上，領導者必須強化「每一個員工都很重要」的原則，

站在公司和員工的雙重角度來看問題。在公司各條戰線上，在一個個普通的職位上，員工透過發揮自己的創造力，從而獲得收入，實現個人的自我定位。即便做的是最普通的工作，但也是企業內不可或缺的。領導者如果不懂得尊重每一名員工的道理，那麼就不是真正的「以人為本」。

同樣，從員工的角度來看，他們也渴望得到重視，渴望接受挑戰，渴望快速成長，讓自己的價值得以真正的發揮。所以，每一次PK競賽前的觀念宣導會上，都要從善於發現他們優點的角度出發，注重開發他們的潛力和創造力，讓他們真真切切感受到在企業有「歸屬感」，為他們制定與自己職位、能力相匹配的PK部門、對手，這樣他們才會感到在大家庭中沒有被忽視，也需要不斷進步，不斷為企業帶來新的能量。

沒有一名員工，會排斥他們的團隊和組織，在他們內心中，都希望能夠和身邊的同事、領導者打成一片，彼此融合、交流。在觀念宣導會上，我們要做到全體參與，讓每一名員工都有PK的機會，感到被領導者重視，自己正置身在一個適合自己或者充滿活力的團隊中，置身在一個有價值、有抱負的企業中，從內心自發自願地去證明自己的能力，發揮自己的主動性，主動迎接PK挑戰。老闆和主管不能因為員工職位的高低，就將其排除在外，對其自尊心造成傷害，打擊他們的積極性。實踐證明：如果一個員工在一個企業受到重視而且有自由發揮的空間，他絕對是非常忠誠的。他們的這份態度，並不是因為單純的收入利益形成，而是因為他們同樣渴望實現自己的價值，願意忠誠於我們的管理、願意和我們一起共事合作，願意和企業同甘共苦。

如果因為一些原因，在本輪PK競賽中，有幾個部門、幾個員工沒有得到PK的機會，那麼領導者應親自與部門主管、基層員工在會後進行交流，說明原因。例如，該部門、員工正在執行一項非常重要的任務，且

這份任務與其他部門、個人的業務沒有可比性，必須在一個較為封閉的環境中逐漸推進。為了保證專案的正常進行，所以本次 PK 輪空。給予部門、員工一個合理的解釋，他們就不會心存芥蒂，而是投入到自己當前的專案之中，等待下一輪 PK 的到來。

◆ 3. 邀請員工進行發言

PK 活動的主體是部門、員工，最終落實到「人」的身上。所以，在開展觀念宣導工作時，一定要邀請員工進行發言，從他們個人的角度闡述對於 PK 競賽的理解、對工作的理解。這種代表性發言，往往會對其他員工產生正面的影響，讓他們正視 PK 競賽，做好充分準備。

演講稿，既要從自己的角度闡述了 PK 競賽的意義，又要結合實際資料做分析說明，最後還能引經據典地與現實結合，效果會非常明顯，很容易激起其他員工的奮鬥決心。

需要注意的是：員工的演講稿，一定要要求員工親自完成，領導者可以做指導、補充和修改，但是不可代筆。否則，員工只是被動地背誦或念，那麼就不會有情感和煽動力。其他員工一旦得知其中的內幕，會更加排斥 PK，認為這不過是領導者隨便想出來的決定，根本不具備價值。

◆ 4. 不吝嗇讚賞

在每一次的觀念宣導會上，領導者都不要吝嗇讚賞，著重表揚員工在上一次 PK 競賽中獲得的勝利。這樣做的目的在於：首先，每一個人都渴望讚揚，當員工十分出色地完成你分配給他的工作時，偶爾給他一些表揚和鼓勵，會讓他今後工作得更努力。其次，透過讚賞會讓員工明

白，領導者是非常重視PK業績的，不是隨意下達任務和計畫，自己順利完成，意味著達到了領導者的預期，是自己工作能力提升的證明。最後，得到讚美的員工，通常都會主動進行復盤，分析上一次的成功經驗是什麼、不足之處在哪裡、下一次PK如何揚長避短，在這個過程中學會主動提升內力。

透過眼、耳、鼻、舌、身、意，全方位提升員工，參與到PK會系統，就能有效解決企業業績的增加問題。這不僅是企業騰飛的動力，也是員工塑造自我命運的福音。讓我們投身其中，不斷共同努力！

召喚領導力，33堂團隊管理實戰課：

六大系統思維，企業管理的革命！鼓舞、賦能、轉變，成就團隊的領導藝術

作　　者：袁亮

發 行 人：黃振庭

出 版 者：財經錢線文化事業有限公司

發 行 者：財經錢線文化事業有限公司

E-mail：sonbookservice@gmail.com

粉 絲 頁：https://www.facebook.com/
　　　　　sonbookss/

網　　址：https://sonbook.net/

地　　址：台北市中正區重慶南路一段六十一號八
　　　　　樓815室

Rm. 815, 8F., No.61, Sec. 1, Chongqing S. Rd.,
Zhongzheng Dist., Taipei City 100, Taiwan

電　　話：(02)2370-3310

傳　　真：(02)2388-1990

印　　刷：京峯數位服務有限公司

律師顧問：廣華律師事務所　張珮琦律師

定　　價：299元

發行日期：2024年04月第一版

◎本書以POD印製

Design Assets from Freepik.com

國家圖書館出版品預行編目資料

召喚領導力，33堂團隊管理實戰
課：六大系統思維，企業管理的革
命！鼓舞、賦能、轉變，成就團隊
的領導藝術 / 袁亮 著 . -- 第一版 . --
臺北市：財經錢線文化事業有限公
司 , 2024.04
面；　公分
POD版
ISBN 978-957-680-819-7(平裝)
1.CST: 企業領導 2.CST: 企業管理
3.CST: 組織管理
494.2　　113002973

電子書購買

臉書

爽讀 APP

獨家贈品

親愛的讀者歡迎您選購到您喜愛的書，為了感謝您，我們提供了一份禮品，爽讀 app 的電子書無償使用三個月，近萬本書免費提供您享受閱讀的樂趣。

| ios 系統 | 安卓系統 | 讀者贈品 |

請先依照自己的手機型號掃描安裝 APP 註冊，再掃描「讀者贈品」，複製優惠碼至 APP 內兌換

優惠碼(兌換期限2025/12/30)
READERKUTRA86NWK

爽讀 APP

📖 多元書種、萬卷書籍，電子書飽讀服務引領閱讀新浪潮！

🎧 AI 語音助您閱讀，萬本好書任您挑選

🔍 領取限時優惠碼，三個月沉浸在書海中

🔔 固定月費無限暢讀，輕鬆打造專屬閱讀時光

不用留下個人資料，只需行動電話認證，不會有任何騷擾或詐騙電話。